· EX SITU FLORA OF CHINA ·

中国迁地栽培植物志

主编　黄宏文

THEACEAE

山茶科

本卷主编　孙卫邦　刀志灵　于　炜　韦　霄

中国林业出版社
China Forestry Publishing House

内容简介

山茶科（Theaceae）植物主要分布在热带和亚热带地区，我国主产于长江以南各地。据《中国植物志》统计，全世界有山茶科植物36属700余种，我国有15属480多种。山茶科植物具有极高的经济价值，不但有以茶（*Camellia sinensis*）为代表的饮料植物，以油茶（*C. oleiferra*）和南山茶（*C. semiserrata*）为代表的木本油料植物，以木荷（*Schima superba*）和猪血木（*Euryodendron excelsum*）为代表的材用植物，还有众多的观赏植物得到广泛栽培利用，尤其是山茶属的山茶（*C. japonica*）、滇山茶（云南山茶花 *C. reticulata*）和茶梅（*C. sasanqua*）栽培历史悠久，品种众多，在世界各地广泛栽培，成为世界名花。植物园、树木园和其他山茶收集专类园除了引种原生种种质资源外，仅山茶、滇山茶和茶梅等3个种就培育了数以万计的栽培品种。最近几十年来，随着开黄色花的野生种类不断发现，以及人们对培育黄色花品种的梦想的不断追求，以金花茶（*C. petelotii*）为代表的黄色花种类也得到广泛的引种栽培。以杜鹃红山茶（*C. azalea*）为代表的四季开花种类成为中国特有的宝贵的种质资源，近十年来，中国培育几百个以此为母本的新品种，为世界山茶花期的扩展做出了突出的贡献。

本书收录了我国主要植物园引种的山茶科植物原种（含变种、亚种、变型等）共11属112种，物种拉丁名主要依据《中国植物志》第五十卷第一分册并参考了*Flora of China*（Vol. 12）；属和种均按照拉丁名字母顺序排列，每种植物介绍包括中文名、学名、别名等分类学信息和自然分布、迁地栽培形态特征、引种信息、物候信息、迁地栽培要点及主要用途，并附彩色照片展示其物种形态学特征。为了便于查阅，书后附有各植物园栽培的山茶科植物的中文名和拉丁名索引。

本书可供农业、林业、园林园艺、生物多样性保护和生态保护等相关学科的科研和教学使用。

主编简介

黄宏文：1957年1月1日生于湖北武汉，博士生导师，中国科学院大学岗位教授。长期从事植物资源研究和果树新品种选育，在迁地植物编目领域耕耘数十年，发表论文400余篇，出版专著40余本。主编有《中国迁地栽培植物大全》13卷及多本专科迁地栽培植物志。现为中国科学院庐山植物园主任，中国科学院战略生物资源管理委员会副主任，中国植物学会副理事长，国际植物园协会秘书长。

图书在版编目（CIP）数据

中国迁地栽培植物志. 山茶科 / 黄宏文主编 ; 孙卫邦等本卷主编. -- 北京 : 中国林业出版社, 2020.11

ISBN 978-7-5219-0924-1

Ⅰ. ①中… Ⅱ. ①黄… ②孙… Ⅲ. ①山茶科—引种栽培—植物志—中国 Ⅳ. ①Q948.52

中国版本图书馆CIP数据核字(2020)第239277号

ZHŌNGGUÓ QIĀNDÌ ZĀIPÉI ZHÍWÙZHÌ · SHĀNCHÁKĒ

中国迁地栽培植物志 · 山茶科

出版发行：中国林业出版社

（100009 北京市西城区刘海胡同7号）

电　话：010-83143517

印　刷：北京雅昌艺术印刷有限公司

版　次：2021年1月第1版

印　次：2021年1月第1次印刷

开　本：889mm × 1194mm　1/16

印　张：17

字　数：539千字

定　价：248.00元

《中国迁地栽培植物志·山茶科》编者

主　　编： 孙卫邦（中国科学院昆明植物研究所）
刀志灵（中国科学院昆明植物研究所）
于　炜（杭州植物园）
韦　霄（广西壮族自治区中国科学院广西植物研究所）

编　　委（以姓氏拼音为序）：
蔡　磊（中国科学院昆明植物研究所）
柴胜丰（广西壮族自治区中国科学院广西植物研究所）
郭世伟（中国科学院昆明植物研究所）
韩艳妮（中国科学院武汉植物园）
李策宏（四川省自然资源科学研究院峨眉山生物资源实验站）
李丕睿（江苏省中国科学院植物研究所）
鲁　松（四川省自然资源科学研究院峨眉山生物资源实验站）
沈云光（中国科学院昆明植物研究所）
闫丽春（中国科学院西双版纳热带植物园）
尹　擎（中国科学院昆明植物研究所）

主　　审： 管开云　王仲朗　夏丽芳（中国科学院昆明植物研究所）

责任编审： 廖景平　湛青青（中国科学院华南植物园）

摄　　影（以姓氏拼音为序）：
蔡　磊　柴胜丰　刀志灵　韩艳妮　李策宏　李丕睿
梁同军　鲁　松　韦　霄　闫丽春　姚　刚　于　炜

数据库技术支持： 张　征　黄逸斌　谢思明（中国科学院华南植物园）

《中国迁地栽培植物志·山茶科》参编单位
（数据来源）

中国科学院昆明植物研究所昆明植物园（KIB，KBG）

杭州植物园（HZBG）

广西壮族自治区中国科学院广西植物研究所（GXIB）

中国科学院武汉植物园（WHBG）

中国科学院西双版纳热带植物园（XTBG）

江苏省中国科学院植物研究所（CNBG）

中国科学院庐山植物园（LSBG）

四川省自然资源科学研究院峨眉山生物资源实验站（EBS）

《中国迁地栽培植物志》编研办公室

主　任： 任　海

副主任： 张　征

主　管： 湛青青

序 FOREWORD

中国是世界上植物多样性最丰富的国家之一，有高等植物约33000种，约占世界总数的10%，仅次于巴西，位居全球第二。中国是北半球唯一横跨热带、亚热带、温带到寒带森林植被的国家。中国的植物区系是整个北半球早中新世植物区系的孑遗成分，且在第四纪冰川期中，因我国地形复杂、气候相对稳定的避难所效应，又是植物生存、物种演化的重要中心，同时，我国植物多样性还遗存了古地中海和古南大陆植物区系，因而形成了我国极为丰富的特有植物，有约250个特有属、15000~18000个特有种。中国还有粮食植物、药用植物及园艺植物等摇篮之称，几千年的农耕文明孕育了众多的栽培植物的种质资源，是全球资源植物的宝库，对人类经济社会的可持续发展具有极其重要意义。

植物园作为植物引种、驯化栽培、资源发掘、推广应用的重要源头，传承了现代植物园几个世纪科学研究的脉络和成就，在近代的植物引种驯化、传播栽培及作物产业国际化进程中发挥了重要作用，特别是经济植物的引种驯化和传播栽培对近代农业产业发展、农产品经济和贸易、国家或区域的经济社会发展的推动则更为明显，如橡胶、茶叶、烟草及众多的果树、蔬菜、药用植物、园艺植物等。特别是哥伦布到达美洲新大陆以来的500多年，美洲植物引种驯化及其广泛传播、栽培深刻改变了世界农业生产的格局，对促进人类社会文明进步产生了深远影响。植物园的植物引种驯化还对促进农业发展、食物供给、人口增长、经济社会进步发挥了不可替代的重要作用，是人类农业文明发展的重要组成部分。我国现有约200个植物园引种栽培了高等维管植物约396科、3633属、23340种（含种下等级），其中我国本土植物为288科、2911属、约20000种，分别约占我国本土高等植物科的91%、属的86%、物种数的60%，是我国植物学研究及农林、环保、生物等产业的源头资源。因此，充分梳理我国植物园迁地栽培植物的基础信息数据，既是科学研究的重要基础，也是我国相关产业发展的重大需求。

然而，我国植物园长期以来缺乏数据整理和编目研究。植物园虽然在植物引种驯化、评价发掘和开发利用上有悠久的历史，但适应现代植物迁地保护及资源发掘利用的整体规划不够、针对性差且理论和方法研究滞后。同时，传统的基于标本资料编纂的植物志也缺乏对物种基础生物学特征的验证和“同园”比较研究。我国历时45年，于2004年完成的植物学巨著《中国植物志》受到国内外植物学者的高度赞誉，但由于历史原因造成的模式标本及原始文献考证不够，众多种类的鉴定有待完善；*Flora of China*虽弥补了模式标本和原始文献考证的不足，但仍然缺乏对基础生物学特征的深入研究。

《中国迁地栽培植物志》将创建一个“活”植物志，成为支撑我国植物迁地保护和可持续利用的基础信息数据平台。项目将呈现我国植物园引种栽培的20000多种高等植物的实地形态特征、物候信息、用途评价、栽培要领等综合信息和翔实的图片。从学科上支撑分类学修订、园林园艺、植物生物学和气候变化等研究；从应用上支撑我国生物产业所需资源发掘及利用。植物园长期引种栽培的植物与我国农林、医药、环保等产业的源头资源密切相关。由于受人类大量活动的影响，植物赖以生存的自然生态系统遭到严重破坏，致使植物灭绝威胁增加；与此同时，绝大部分植物资源尚未被人类认识和充分利用；而且，在当今全球气候变化、经济高速发展和人口快速增长的背景下，植物园作为植物资源保存和发掘利用的“诺亚方舟”将在解决当今世界面临的食物保障、医药健康、工业原材料、环境变化等重大问题中发挥越来越大的作用。

《中国迁地栽培植物志》编研将全面系统地整理我国迁地栽培植物基础数据资料，对专科、专属、专类植物类群进行规范的数据库建设和翔实的图文编撰，既支撑我国植物学基础研究，又注重对我国农林、医药、环保产业的源头植物资源的评价发掘和利用，具有长远的基础数据资料的整理积累和促进经济社会发展的重要意义。植物园的引种栽培植物在植物科学的基础性研究中有着悠久的历史，支撑了从传统形态学、解剖学、分类系统学研究，到植物资源开发利用、为作物育种提供原始材料，及至现今分子系统学、新药发掘、活性功能天然产物等科学前沿乃至植物物候相关的全球气候变化研究。

《中国迁地栽培植物志》将基于中国植物园活植物收集，通过植物园栽培活植物特征观察收集，获得充分的比较数据，为分类系统学未来发展提供翔实的生物学资料，提升植物生物学基础研究，为植物资源新种质发现和可持续利用提供更好的服务。《中国迁地栽培植物志》将以实地引种栽培活植物形态学性状描述的客观性、评价用途的适用性、基础数据的服务性为基础，立足生物学、物候学、栽培繁殖要点和应用；以彩图翔实反映茎、叶、花、果实和种子特征为依据，在完善建设迁地栽培植物资源动态信息平台和迁地保育植物的引种信息评价、保育现状评价管理系统的基础上，以科、属或具有特殊用途、特殊类别的专类群的整理规范，采用图文并茂方式编撰成卷（册）并鼓励编研创新。全面收录中国的植物园、公园等迁地保护和栽培的高等植物，服务于我国农林、医药、环保、新兴生物产业的源头资源信息和源头资源种质，也将为诸如气候变化背景下植物适应性机理、比较植物遗传学、比较植物生理学、入侵植物生物学等现代学科领域及植物资源的深度发掘提供基础性科学数据和种质资源材料。

《中国迁地栽培植物志》总计约60卷册，10～20年完成。计划2015—2020年完成前10～20卷册的开拓性工作。同时以此推动《世界迁地栽培植物志》（*Ex Situ Flora of the World*）计划，形成以我国为主的国际植物资源编目和基础植物数据库建立的项目引领。今《中国迁地栽培植物志·山茶科》书稿付梓在即，谨此为序。

黄宏文

2020年5月6日于广州

前言 PREFACE

山茶科植物花有白色、粉红、红色、黄色，植株不但有高大的乔木，还有婀娜多姿的灌木，由于花色彩艳丽，历来是园林绿化、园艺栽培的主要树种。尤其是山茶属（*Camellia*）的山茶（*C. japonica*）、滇山茶（*C. reticulata*）和茶梅（*C. sasanqua*），园艺栽培可以追溯到隋唐以前。中国各类植物园、树木园或特色公园，迁地保育了几乎涵盖山茶科（Theaceae）所有属的植物。但我国幅员辽阔，植物园众多，所引种保育的山茶科植物也不尽相同，并且缺乏迁地栽培植物物种的形态特征描述、物候变化、栽培技术要点和难点等资料的分析研究，尤其缺乏植物园之间的比较研究。为进一步完善山茶科植物引种栽培资料，我们邀请了全国植物园山茶科专家共同编写此书，为山茶科植物的相关研究提供翔实的活体植物生长发育特征数据，为山茶科植物引种、种质资源收集和保存、园艺品种培育等提供参考数据。编辑说明如下：

1. 本书所收录的山茶科迁地栽培植物的属参考了*Flora of China*，种仍按《中国植物志》所记录的种为基础，部分参阅了*Flora of China*和其他专著所记录的种类。收录了我国主要植物园引种的山茶科植物原种共11属112种，物种拉丁名主要依据《中国植物志》第五十卷第一分册和*Flora of China*第十二卷（Vol. 12）；属和种均按照拉丁名字母顺序排列。

2. 每种植物介绍包括中文名、拉丁名、别名等分类学信息和自然分布、迁地栽培形态特征、引种信息、物候信息、迁地栽培要点及主要用途，并附彩色照片展示其物种形态学特征。为了便于查阅，书后附有各植物园栽培的山茶科植物名录、参考文献以及中文名和拉丁名索引。

3. 概述部分主要介绍了山茶科的分类和分布、资源利用、重要种质资源的引种保育和新品种培育等方面的历史及相关知识。

4. 物种编写规范：

（1）迁地栽培形态特征按茎、叶、花、果顺序分别描述，生活型则指其自然生境的特征；个别未观察到花期或果期的注明了植物志中的记录；同一物种在不同植物园的迁地栽培形态不同也做了简要说明。

（2）引种信息：

a. 引种记录包括植物园+引种地+引种材料+登录号/引种号+引种年份；引种记录不详的标注为引种信息不详。

b. 生长状况在引种信息之后描述，以句号和引种信息分开。

（3）物候按芽萌动、展叶期、盛叶期、落叶期；花蕾期、初花期、盛花期；果熟期、落果期顺序编写。

（4）栽培要点给出了环境、土壤要求和病虫害防治等信息。

（5）主要用途包含了园艺应用、材用、药用等方面的价值。

（6）本书收录了558张彩色照片，除部分野外照片外，主要在迁地栽培地拍摄，包含植株、茎、芽、叶、花、果等照片。

本书承蒙以下研究项目的大力资助：科技基础性工作专项——植物园迁地栽培植物志编撰（2015FY210100）；中国科学院华南植物园“一三五”规划（2012020）——中国迁地植物大全及迁地栽培植物志编研；生物多样性保护重大工程专项——重点高等植物迁地保护现状综合评估；国家基础科学数据共享服务平台——植物园主题数据库；中国科学院核心植物园特色研究所建设任务：物种保育功能领域；广东省数字植物园重点实验室；中国科学院科技服务网络计划（STS计划）——植物园国家标准体系建设与评估（KFJ-3W-No1-2）；中国科学院大学研究生/本科生教材或教学辅导书项目；国家基金委-云南省联合基金项目“极小种群野生植物高风险灭绝机制及保护有效性研究”（项目编号：U1302262）；云南省科技人才和平台计划重点实验室建设项目“云南省极小种群野生植物综合保护重点实验室”（项目编号：2018DG004）；云南省科技创新人才计划项目“云南省极小种群野生植物保护与利用创新团队”（项目编号：2019HC015）。在此表示衷心感谢！

作者

2020年11月

目录 CONTENTS

概述

Overview

一、山茶科的分类和分布

山茶科（Theaceae）隶属于杜鹃花目（Ericales）（APG IV，2016）。乔木或灌木。叶革质，常绿或半常绿，互生，羽状脉，全缘或有锯齿，具柄，无托叶。花两性，稀雌雄异株，单生或数花簇生，有柄或无柄；萼片5至多片，脱落或宿存，有时向花瓣过渡；花瓣5至多片，基部连生，稀分离，白色，或红色及黄色；雄蕊多数，排成多列，子房上位，稀半下位，2~10室；胚珠每室2至多数，垂生或侧面着生于中轴胎座，稀为基底着坐；花柱分离或连合，柱头与心皮同数。果为蒴果，或不分裂的核果及浆果状，种子圆形，多角形或扁平，有时具翅（闵天禄，1997；张宏达和任善湘，1998）。

山茶科由于其与许多近缘类群之间在形态上具有各种不同的联系，该科所包含类群曾在分类上有较多的变动，因此山茶科应包括哪些族和属，曾是山茶科植物分类学研究中长期争论不休的问题（王跃华，2002）。早在1824年，De Candolle在其著作*Prodromus*中即提出包含5族12属的Ternstroemiaceae和包含2属的Camellieae。其后的Bentham and Hooker（1862）在其著作*Genera plantarum*提出了包含6族32属的庞大的厚皮香科。Szyszylowicz于1895年编写Engler和Prantl主编的著作*Die natürlichen Pflanzenfamilien*中的山茶科时，订正选用Theaceae作为山茶科科名，建立了山茶科分类大纲，该著作第二版山茶科的作者Meichior（1925）进一步将山茶科分为6个族23属，基本确立了山茶族（Camellieae）和厚皮香族（Ternstroemieae）作为山茶科核心类群的地位。之后的学者如Keng（1962）提出了仅包含厚皮香亚科（Ternstroemoideae）[含肋果茶属（*Sladenia*）]和山茶亚科（Theoideae）的“狭义”山茶科分类系统。在Airy Shaw（1965）将肋果茶属移出山茶科独立成肋果茶科（Sladeniaceae）后，山茶科仅包括了厚皮香亚科和山茶亚科，并被《中国植物志》（张宏达和任善湘，1998；林来官，1998）、*Flora of China*（Ming & Bartholomew，2007）等出版物所采用。

后来的诸多分子系统学研究表明，厚皮香亚科应和五列木属（*Pentaphylax*）共同组成五列木科（Pentaphylacaceae），而山茶科仅包含之前的山茶亚科（Schönenberger，2005）。至此，山茶科包括3族9属，分别为Tribe. Stewartieae [紫茎属（*Stewartia*）]，Tribe. Gordonieae [木荷属（*Schima*），湿地茶属（*Gordonia*），洋木荷属（*Franklinia*）] 及Tribe. Theeae [圆籽荷属（*Apterosperma*），山茶属（*Camellia*），核果茶属（*Pyrenaria*），大头茶属（*Polyspora*），柃茶属（*Laplacea*）]；中国有6属，1属为特有属（Prince & Parks，2001，Li et al.，2013，李德铢，2020）。为便于使用和管理，本书中属的划分仍与*Flora of China*中的保持一致，并参考了《中国植物志》（张宏达和任善湘，1998；林来官，1998）。

表1　广义山茶科国产和世界种类对比及其分布

属	国产	世界	分布
山茶属	97	120	东亚和东南亚的亚热带和热带
柃属	83	130	热带和亚热带亚洲，西南太平洋诸岛
杨桐属	22	85	东亚，南亚，东南亚，热带非洲和新几内亚岛
紫茎属	15	20	东亚和东南亚和北美东部
厚皮香属	13	90	热带和亚热带非洲，美洲，亚洲
核果茶属	13	26	东亚和东南亚
木荷属	13	20	东亚和东南亚
红淡笔属	9	24	东亚，东南亚和热带美洲
大头茶属	6	40	东亚和东南亚
茶梨属	1	3	东亚和东南亚
猪血木属	1	1	中国广东和广西特有
圆籽荷属	1	1	中国广东和广西特有

山茶科广泛分布于东西两半球的热带和亚热带，尤以亚洲最为集中（表1）（闵天禄，1997；李德铢 等，2020；Ming & Bartholomew，2007）。它在东亚，特别是中国最发达的亚热带常绿阔叶林和中生混交林的群落和生态系统构成中又占着举足轻重的位置。因而，山茶科在区系构成中的作用也显得突出而成为东亚特别是中国的区系特征之一（吴征镒 等，2003）。

二、山茶科植物资源的利用价值

1. 观赏价值

山茶科山茶属（*Camellia*）的一些种类具有大而鲜艳的花朵，是世界著名的观赏花木，也是中国十大名花之一。因其植株形态优美，花色艳丽多彩而深受广大花卉爱好者的喜爱，在亚洲、北美洲、大洋洲、欧洲等诸多国家被广泛收集栽培，经过上千年的选育，目前世界上登记注册的山茶花栽培品种已超2万个（管开云 等，2014）。传统上作为观赏花卉繁育栽培最广、栽培品种培育最多的是山茶（*C. japonica*）、滇山茶（*C. reticulata*）和茶梅（*C. sasanqua*）三种。

中国是山茶属植物的现代分布中心（张宏达，1981；闵天禄，2000），具有宝贵的种质资源。随着人们对培育黄色茶花品种的追求，金花茶（*C. petelotii*）等开黄色的野生种类也被广泛引种栽培，其是培育金黄色山茶花品种的优良种质资源；杜鹃红山茶（*C. azalea*）是山茶属中能够四季开花的奇特物种，使其成为培育四季开花茶花新品种非常宝贵的种类。可以预见，这些物种的发现，将对山茶属植物新品种的培育带来新的希望（张榮，2011）。

2. 经济价值

山茶科山茶属中，具有世界性经济意义的植物，当属原产中国的茶（*C. sinensis*）和普洱茶（*C. sinensis* var. *assamica*）；作为世界三大饮料之一，茶广受世界人们的喜爱（闵天禄，2000）。中国利用茶的历史可追溯至公元前10世纪的周代，到唐代时，饮茶已经相当普遍，并在当时东渡日本，演化为现在日本的国粹“茶道”；在云南，有一条经西藏、印度到中亚的“茶马古道”，亦被称为“南方丝绸之路”，茶作为该通道上的大宗贸易货物，在沿途地区人民的生活中扮演着举足轻重的地位。除了茶本种，与茶同组（Section Thea）的其他野生种类如大厂茶（*C. tachangensis*）、厚轴茶（*C. crassicolumna*）、大理茶（*C. taliensis*）等在当地民间长期以来亦被采集制作茶饮，这些丰富的种质资源，具有巨大的开发潜力，有望在将来开发出新一代商品茶，为国际茶业饮料市场和茶文化做出新的贡献（闵天禄，2000）。当代，茶的作用早已不仅仅限于饮用，各种茶业深加工产品如超细微茶粉、茶酒茶药的开发方兴未艾，全方位综合利用茶种质资源必将使古老的茶叶成为永恒的朝阳产业（孙威江 等，2004）。

山茶科山茶属中另一个具有重要经济价值的是油茶(*C. oleifera*)。油茶作为我国特有的木本油料作物，是与油棕、油橄榄、椰子齐名的世界四大木本食用油源树种之一（黎先胜，2005）。茶油脂肪酸主要由油酸、亚油酸和少量的饱和脂肪酸组成,其中油酸含量达到74%~89%,脂肪酸组成与世界上公认为最好的橄榄油相似（中国油脂植物编写委员会，1987；李丽 等，2010）。其他山茶属种类，如浙江红山茶（*C. chekiangoleosa*)、南山茶（*C. semiserrata*）、攸县油茶（*C. yuhsienensis*）、红皮糙果茶（*C. crapnelliana*）、滇山茶（*C. reticulata*）亦长期作为油料作物加以栽培（李玉善，1983；朱秋蓉 等，2020），这些丰富的油茶物种资源，是未来油茶种质创新和新品种培育的宝贵基因库。

3. 生态价值

森林火灾是森林资源减少的主要因素之一。特别是特大森林火灾不但毁坏大量森林资源,而且需要投入大量人力物力进行扑救。森林火灾还会带来严重的环境污染,整个生态系统的恢复也需要几十年甚至上百年的时间（田晓瑞，舒立福，2000）。木荷属的木荷（*Schima superba*），因其优秀的防火能力，目前是我国南方森林防火林带营造优先选择的树种（陈存及 等，1988；田晓瑞 等，2001），其阻火效果显著、时效长、节省劳力与投资、生态、经济与社会效益显著等特点，不但起到防火作用,而且可以防治水土流失,增加生态系统稳定性和生物多样性。

三、山茶科重要物种资源的引种保育和新品种培育

山茶科植物种质资源的收集、引种保育和新品种培育一直是我国许多植物园、树木园或植物学研究机构的重要工作。中国科学院昆明植物研究所昆明植物园（以下简称“昆明植物园”）、杭州植物园、广西壮族自治区中国科学院广西植物研究所（桂林植物园）、中国科学院武汉植物园（简称“武汉植物园”）、中国科学院西双版纳热带植物园（简称“西双版纳热带植物园”）、中国科学院华南植物园（简称“华南植物园”）、江苏省中国科学院植物研究所（南京中山植物园）、中国科学院庐山植物园、四川省自然资源科学研究院峨眉山生物资源实验站（简称“峨眉山生物站”）等都建设有山茶园，在广泛收集保育重要野生山茶种质资源和观赏价值高的栽培品种的同时，还开展了山茶科、特别是山茶属植物的新品种培育及栽培技术研究工作，为我国山茶科植物资源的发掘利用提供了支撑。

在山茶科植物受威胁状况评估方面，覃海宁等（2017）对长梗杨桐（*Adinandra elegans*）、杜鹃红山茶、白毛蕊茶（*C. candida*）、滇南连蕊茶（*C. cupiformis*）、云南金花茶（*C. facicularis*）、金花茶、中越短蕊茶（*C. gilbertii*）、河口长梗茶（*C. hekouensis*）、三江瘤果茶（*C. pyxidiacea* var. *pyxidiacea*）、猪血木（*Euryodendron excelsum*）、文山柃（*Eurya wenshanensis*）、勐腊核果茶（*Pyrenaria menglaensis*）、长核果茶（*Pyrenaria oblongicarpa*）、云南紫茎（*Stewartia calcicola*）、云南厚皮香（*Ternstroemia yunnanensis*）等90余种山茶科植物受威胁状况进行了系统评估。一些严重受威胁的极小种群野生植物，如杜鹃红山茶、云南金花茶、南川茶（*C. nanchuanica*）、猪血木等，在我国的植物园进行了较系统的野外调查、人工繁育和迁地保护，部分种类开展了野外回归、种群恢复与重建等工作（Shen et al., 2013；Ren et al., 2014；孙卫邦 等，2019；Wang et al., 2020）

在滇山茶的研究与栽培品种培育方面，20世纪50年代末昆明植物园就正式把滇山茶的研究列为研究课题，制定了以选育新品种为长期的奋斗目标，围绕这一目标开展了滇山茶品种资源的调查及新品种的选育、山茶属植物种质资源的调查、引种及系统演化等方面的研究，先后选育并命名发表了产自昆明、腾冲、楚雄等地的滇山茶品种达80余个；较早开展了金花茶的野外调查、引种及杂交育种等研究工作，获得了一批有观赏价值的杂交后代。目前，昆明植物园共收集栽培山茶科植物650余个（含野生种、变种、亚种及园艺栽培品种），其中滇山茶品种120个共1700余株（50余个品种为昆明植物园自主培育品种）、山茶品种450多个1900余株、茶梅品种69个近1500株、金花茶20余种和其他山茶科植物32种计200余株。截至目前，昆明植物园山茶园是我国收集保存山茶观赏品种最多的种质资源圃，并于2012年2月通过了“国际杰出山茶花园”的认证，成为国际知名的山茶园，是世界上重要的山茶花观赏、保育和研究基地。昆明植物园现为国际茶花协会主席挂靠单位，是国际山茶属植物栽培品种登录中心。

四、山茶科植物的栽培管理

山茶属作为山茶科第一大属，亦是中国山茶科主要的迁地保育类群。我国的植物园、树木园或植物学研究机构建设的山茶园，所收集栽培种类多为山茶属植物。因此，有必要对针对山茶属植物（下称：山茶）的迁地栽培管理要点（李溯，2006；高继银，2007；夏丽芳 等，2007；陈蕴，2017；韩春叶，2019）做一些介绍。

1. 山茶的繁殖技术

（1）播种繁殖

山茶的种子一般9～11月成熟，种子不耐贮藏，采摘后可湿沙藏或直接播种。基质采用干净的沙、

珍珠岩、泥炭土等。播种温度保持在18～24℃，待胚根萌发，嫩芽长出时即可移植到肥沃、疏松、排水良好的土壤中，移栽时应尽量保持子叶完整，因为此时幼苗生长的养分主要来源于子叶。

（2）扦插繁殖

扦插是最常用的繁殖方法，优点是操作简单，生长速度快。山茶的扦插时间一般在6月份雨季开始时进行，选择生长发育充实健壮、叶芽饱满、无病虫害的当年生半木质化的枝条作为插穗，插条长度5～10cm，顶端保留2枚叶片，基部削成马蹄形，扦插前用生根粉处理一下，可促进生根。扦插基质可用消毒处理过的沙、珍珠岩、蛭石或含沙的红壤、松针土，插好后及时浇透水，搭棚保温保湿促进生根，一般40～60天即可生根。

2. 栽培管理

（1）光照

山茶在野外环境中为半阴性植物，在人工栽培的条件下应适当遮阴，尤其在幼苗期，遮阴度在40%～60%较为理想，直射强光下易发生叶片日灼伤，抑制幼苗生长。山茶成年树则需要更多的光照，以促进花芽分化，植株正常生长。在地栽山茶花苗木时，应选择有自然遮阴的地点，或预先种植部分遮阴树。

（2）水分

山茶不论是盆栽或地栽，土壤要经常保持湿润，过干或过湿都对植株生长不利。山茶在不同的生长期，对水分的需求有一定的差异，春季和夏初植株进入生长旺盛期，应多浇水，满足新梢生长和花芽分化的需求；秋冬季节气温降低，树体生理活动减弱，花蕾发育膨大，应适当控水，而开花期时对水分需求增大，可适时多浇水。灌溉水以弱酸性至中性为宜，pH值在5.5～6.5之间较好。

（3）温度

山茶喜温暖湿润的环境，最适生长温度是18～25℃，长时间超过32℃，生长受到抑制，如果夏季温度超过38℃，叶片出现日灼，嫩枝死亡，在夏季炎热的地区一定要采取遮阴、降温的措施。山茶对低温的忍耐程度，视物种或品种的不同而表现出一定差异，滇山茶、金花茶在低于-5℃或重霜情况下，发生冻害，而单体红山茶（*C. uraku*）的耐寒性较好，茶梅次之。

（4）土壤

山茶喜酸性土壤，pH值在5.5～6.5之间最好；对土壤有较严格的要求，喜肥沃、疏松、排水透气性较好的酸性壤土。一般北方的黑钙土、腐殖土、南方的红黄壤都适宜栽植山茶。

（5）施肥

山茶喜肥，腐熟的有机肥和化肥都可用于追肥，常用的有机肥有豆饼、油枯、牲畜粪、骨粉，这些肥的肥效长，使用安全，化肥要控制用量，以免造成肥害。山茶施肥主要掌握三个时期，一是开花后，春梢萌动前，二是6月花芽分化期，三是在9～10月份增施一些含磷、钾较多的肥，促进花蕾生长，提高植株抗寒力。

各论

Genera and Species

山茶科

Theaceae

乔木或灌木。叶革质，常绿或半常绿，互生，羽状脉，全缘或有锯齿，具柄，无托叶。花两性稀雌雄异株，单生或数花簇生，有柄或无柄，苞片2至多片，宿存或脱落，或苞萼不分逐渐过渡；萼片5至多片，脱落或宿存，有时向花瓣过渡；花瓣5至多片，基部连生，稀分离，白色，或红色及黄色；雄蕊多数，排成多列，稀为4~5数，花丝分离或基部合生，花药2室，背部或基部着生，直裂，子房上位，稀半下位，2~10室；胚珠每室2至多数，垂生或侧面着生于中轴胎座，稀为基底着坐；花柱分离或连合，柱头与心皮同数。果为蒴果，或不分裂的核果及浆果状，种子圆形，多角形或扁平，有时具翅；胚乳少或缺，子叶肉质。

36属700种《中国植物志》或19属600种（*Flora of China*），广泛分布于东西两半球的热带和亚热带，尤以亚洲最为集中，我国有15属480余种（《中国植物志》）或12属274种（*Flora of China*）。

山茶科分属检索表

1（10）花两性；直径2～12cm，雄蕊多数，多轮，花药背部着生，卵形，药隔不伸出，子房上位。
2（9）果为自上而下开裂的蒴果。
3（4）种子球形，半球形或多面体形，无翅 ·· 3. **山茶属 *Camellia* L.**
4（3）种子扁平，常有翅。
5（8）蒴果有宿存中轴，蒴果先端圆或钝，宿萼不包住蒴果。
6（7）蒴果长筒形，种子上端有长膜质翅 ·· 7. **大头茶属 *Polyspora* Sweet**
7（6）蒴果球形，种子周围有翅 ·· 9. **木荷属 *Schima* Reinw et Bl.**
8（5）蒴果无中轴，或中轴长约新皮的1/2，宿萼包住蒴果 ·· 10. **紫茎属 *Stewartia* L.**
9（2）果为自下而上开裂的蒴果或不裂的核果 ·· 8. **核果茶属 *Pyrenaria* Bl.**
10（1）花两性稀单性，直径小于2cm，子房下位或半下位，雄蕊1～2轮，5～20个，花药长圆形，基部着生，药隔伸出，果为浆果。
11（14）花单生于叶腋，胚珠3～10个，浆果及种子较大，种子具红色假种皮。
12（13）花杂性；花药有短芒，子房上位；花瓣近离生 ············ 11. **厚皮香属 *Terstroemia* Mutis ex L.**
13（12）花两性，花药有长芒，子房半下位，花瓣下半部联合 ·· 2. **茶梨属 *Anneslea* Wall.**
14（11）花数朵腋生，胚珠8～100个，浆果及种子细小，种子不具红色假种皮。
15（20）花两性，花药被长毛，药隔多少有芒。
16（19）花柄长1～3cm，胚珠8～100个；叶厚革质，排成2列，侧脉末端不连结。
17（18）子房3～5室，胚珠20～100个，花柱全缘；顶芽有毛 ·· 1. **杨桐属 *Adinandra* Jack**
18（17）子房2～3室，胚珠8～16个，花柱2～3裂；顶芽无毛 ·· 4. **红淡比属 *Cleyera* Thunb.**
19（16）花柄长3～6mm，胚珠12个；叶薄革质，排成多列，具锯齿，侧脉末端连结 ·· 6. **猪血木属 *Euryodendron* Hung T. Chang**
20（15）花单性，花药无毛亦无芒 ·· 5. **柃木属 *Eurya* Thunb.**

杨桐属

Adinandra Jack, Malay. Misc. 2 (7): 50, 1822.

常绿乔木或灌木。枝互生，嫩枝通常被毛，顶芽常被毛。单叶互生，2列，革质，有时纸质，常具腺点，或有茸毛，全缘或具锯齿；具叶柄。花两性，单朵腋生，偶有双生，具花梗，下弯，稀直立；小苞片2，花梗顶端，对生或互生，宿存或早落；萼片5，覆瓦状排列，厚而不脱落，花后增大，不等大；花瓣5，覆瓦状排列，基部稍合生，外面无毛或被绢毛，内面常无毛；雄蕊多数，通常15～60，排成1～5轮，着生于花冠基部，花丝通常连合，稀分离，若排成2轮以上则常不等长，被毛或无毛，花药长圆形，直立，基部着生，被丝毛，稀无毛，药隔突出；子房被柔毛或无毛，3或5～6室，稀2或4室，胚珠每室多数（20～100），稀少数，着生于中轴胎座的下半部，花柱1，不分叉，或先端3～5叉，宿存，柱头1，稀3～5，全缘或分裂。浆果不开裂；种子多数至少数，常细小，深色，有光泽，并有小窝孔，胚弯曲，子叶半圆筒形。

约85种，广布亚洲热带和亚热带地区，主要分布东亚、印度、马来西亚、巴布亚新几内亚、菲律宾，非洲约2种。我国有22种7变种，分布于长江以南各省区，多种产广东、广西和云南。本书收载迁地栽培5种。

杨桐属分种检索表

1（2）子房5～6室 ………………………………………… 4. 大叶杨桐 ***A. megaphylla***

2（1）子房3室。

3（8）花柱被毛。

4（7）花瓣外面中间部分被毛。

5（6）花梗较长，2～3cm；叶片披针形，侧脉8～10对 ……………… 3. **全缘叶杨桐** ***A. integerrima***

6（5）花梗粗短，0.5～0.7cm，叶片长圆状椭圆形，侧脉12～15对 ……… 1. **大萼杨桐** ***A. glischroloma***

7（4）花瓣外面全无毛 ……………………… 2. **大萼粗毛杨桐** ***A. hirta*** **var.** ***macrobracteata***

8（3）花柱无毛，叶全缘 ……………………………………… 5. **杨桐** ***A. millettii***

1
大萼杨桐

Adinandra glischroloma Handel-Mazzetti var. ***macrosepala*** (F. P. Metcalf) Kobuski, J. Arnold Arbor. 28: 20. 1947.

自然分布

产浙江南部、江西东部和南部、福建、广东、广西东部等地。

迁地栽培形态特征

茎 树皮灰褐色，小枝灰褐色，无毛。1年生新枝黄褐色，连同顶芽密被黄褐色或锈褐色披散长刚毛。

叶 革质，长圆状椭圆形，长8～18cm，宽2.5～5.5cm，顶端渐尖或尖，基部楔形，有时近于圆形，边全缘，上面深绿色，无毛，下面黄绿色，密被锈褐色长刚毛，沿中脉和叶缘尤密，侧脉10～12对，两面稍明显，叶柄长8～10mm，密被长刚毛。

花 通常2～3朵，稀单朵生于叶腋，白色，花梗粗短，长6～15mm，密被长刚毛，常下垂，小苞片2枚，早落，萼片5枚，阔卵形，长11～14mm，宽8～10mm，顶端尖，外面密被锈褐色长刚毛；花瓣5，白色，长圆形或卵状长圆形，长约13～15mm，宽约5～6mm，顶端近圆形，外面中间部分密被长刚毛；雄蕊约30枚，长约8～9mm，花丝长约2mm，无毛，花药线形，长约4～4.5mm，有丝毛，顶端有小尖头，子房卵形，密被长刚毛，3室，胚珠每室多数，花柱单一，长约8mm，密被长刚毛或近顶端处无毛。

果 圆球形，熟时黑色，直径可达13mm，密被长刚毛，宿存花柱长10～12mm，被长刚毛，宿存萼片长可达15mm，外面密被长刚毛。

引种信息

峨眉山生物站 2013年10月23日从湖北恩施引种，引种号13-1373-HB。

物候

峨眉山生物站 3月上旬叶芽萌动，3月中旬展叶，4月上旬展叶盛期；5月上旬见花蕾，6月上旬初花，6月中下旬盛花，7月中旬落花；9月上旬果实成熟。

迁地栽培要点

喜阴湿，栽培以排水灌溉方便，土壤疏松、肥沃的砂质土为宜，常见病虫害有褐斑病、赤叶斑病、介壳虫、蚜虫等。

主要用途

绿化树种，常被用于防火树种，树叶可做染料。

枝
叶柄及花芽
花枝
花侧面
花正面

2
大萼粗毛杨桐

Adinandra hirta Gagnep. var. *macrobracteata* (L. K. Ling) L. K. Ling, Fl. Reipubl. Popularis Sin. 50 (1): 191. 1998.

自然分布

产广西北部和东部、贵州东南部、湖北西南部。

迁地栽培形态特征

茎 树皮灰褐色，稍粗糙，枝圆筒形，小枝灰褐色或深褐色，顶芽及嫩枝密被粗长而开张的长刚毛。

叶 互生，革质，长圆状椭圆形至椭圆形，长9~13.5（~16）cm，宽3~4.5（~6）cm，顶端渐尖或短渐尖，基部阔楔形，有时近于圆形，边全缘而密被长刚毛，干后上面绿色，无毛，下面黄绿色或浅锈褐色，密被灰褐色长刚伏毛，主脉上面微凹，侧脉明显，15~25对。

花 通常2朵，稀单朵或3朵腋生，白色，花梗长5~6mm，密被长刚伏毛；小苞片2枚，卵形或阔卵形，长6~10mm，宽约4.5~5mm，外面密被粗长而开张的长刚毛，早落或有时宿存，萼片5枚，长卵形或卵形，长8~11mm，宽3.5~5mm，顶端尖，外面密被粗长而开张的长刚毛；花瓣5枚，卵状披针形，长10~12mm，宽4~5mm，外面全无毛；雄蕊30~35，长8~10mm，花丝长4~5mm，仅基部与花冠基部合生，被毛，花药线性，长3~4mm，被丝毛，顶端有小尖头，子房卵圆形，密被刚伏毛，3室，胚珠每室多数，花柱单一，长8~10mm，被刚伏毛或近顶端处无毛。

果 圆球形，未完全成熟，直径约4~7mm，密被刚伏毛，萼片和花柱均宿存。

引种信息

峨眉山生物站 2013年10月23日从湖北恩施引种，引种号13-1372-HB。

物候

峨眉山生物站 2月下旬叶芽萌动，3月上旬展叶，3月下旬展叶盛期；3月下旬见花蕾，4月下旬初花，5月中旬盛花，6月上旬落花；果期7~8月。

迁地栽培要点

喜阴湿，栽培以排水灌溉方便，土壤疏松、肥沃的砂质土为宜，常见病虫害有褐斑病、赤叶斑病、介壳虫、蚜虫等。

主要用途

绿化树种，常被用于防火树种，树叶可做染料。

植株
花芽
叶正面
叶背面
花

3
全缘叶杨桐

Adinandra integerrima T. Anderson ex Dyer, J. D. Hooker Fl. Brit. India. 1: 282. 1874.

花枝

自然分布

产中国云南南部和东南部至马来半岛；多生于海拔350～1900m的沟谷河边或谷底林中阴地。模式标本采自缅甸。

迁地栽培形态特征

小乔木。高6m，胸径10cm。

茎 枝圆筒形，小枝灰褐色或暗褐色，无毛，1年生新枝黄褐色，连同顶芽密被黄褐色平伏短柔毛，后渐脱落变无毛。

叶 互生，革质，长圆状披针形，长7～12cm，宽2～4.5cm，顶端渐尖，基部楔形，边近全缘或上半部有不明显细钝齿，上面深绿色，无毛，下面淡绿色，初时疏被平伏短柔毛，老后变无毛；中脉在上面凹下，在下面凸起，侧脉8～12对；叶柄长5～8mm，疏被平伏短柔毛。

花 单朵腋生，花梗长2～2.5cm，被平伏短柔毛；小苞片2，早落；萼片5，白色，三角状卵形，质厚，长宽各12～9mm，顶端略尖，边缘具腺点及纤毛，外面疏被淡褐色平伏短柔毛。花瓣5，白色，卵形，长10～12mm，宽6～7mm，顶端钝尖，外面中间部分密被贴服黄褐色绢毛；雄蕊约30枚，长6～7mm，花丝长2～2.5mm，上半部分被丝毛，仅基部连合，着生于花冠基部，花药长2.5～3mm，被丝毛，顶端有小尖头；子房近圆球形，密被黄褐色绢毛，3～4室，花柱单一，长8～10mm，被绢毛。

果 卵球形，被绢毛，宿存花柱长约10～12mm，被绢毛。

引种信息

西双版纳热带植物园 2000年9月28日，从云南省西双版纳景洪市关坪引种种子50粒，引种号2000,0350。

物候

西双版纳热带植物园 4月上旬至5月上旬见花蕾，5月中旬初花，5月中旬至6月上旬盛花，6月下旬落花；10果实始成熟。

迁地栽培要点

喜湿润，适合西南、华南湿润热带地区栽植。

主要用途

植株美丽，园林观赏。

4
大叶杨桐

Adinandra megaphylla Hu, Bull. Fan Mem. Inst. Biol. Bot. 6: 172. 1935.

果

自然分布

产于云南东南部和广西西北部，越南北部也有；生于海拔1200~1900m的山地密林中或沟谷溪边林下阴湿地。模式标本采自云南屏边。

迁地栽培形态特征

小乔木或乔木，高5~10m。

茎 树皮淡灰褐色；枝圆筒形，小枝灰褐色，无毛，1年生新枝密被锈褐色平伏短柔毛；顶芽长锥形，长达2cm，密被锈褐色平伏短柔毛。

叶 革质，长圆形或长圆状椭圆形，长15～25cm，宽4～7cm，顶端渐尖，基部阔楔形至圆形，边缘具细锯齿，上面深绿色，无毛，下面灰绿色，被锈褐色平伏短柔毛，老后脱落，变近无毛；中脉在上面凹下，凹陷处密被短柔毛，在下面凸起，侧脉20～24对，在近叶缘处弧曲而联结，两面均不明显，网脉不明显；叶柄长12～15mm，初时密被锈褐色平伏短柔毛，后变近无毛。

花 单朵腋生，花梗长2～4cm，密被锈褐色短柔毛；小苞片2，早落，长圆形或卵形，长4～6mm，密被短柔毛；萼片5，质厚，阔卵形或卵形，长11～12mm，宽10～11mm，顶端钝，有短尖头，外面密被锈褐色平伏短柔毛；花瓣5，白色，阔卵状长圆形，长10～13mm，宽6～7mm，外面中间部分密被锈褐色平伏绢毛；雄蕊40～45枚，花丝长约2mm，几分离，着生于花冠基部，无毛，花药线状长圆形，长约4mm，有丝毛，顶端有小尖头；子房圆锥形，密被锈褐色绢毛，5室，胚珠每室多数，花柱单一，长约1cm，密被绢毛，有时近顶端处无毛。

果 浆果圆球形，成熟时紫黑色，直径约2cm，密被绢毛；种子多数，扁肾形，亮褐色，有光泽。

引种信息

昆明植物园 1964年引自文山，登录号19640007。长势良好，栽植于树木园中。

物候

昆明植物园 2月下旬叶芽萌动，4月上旬开始展叶，5月上旬进入展叶盛期；5月上旬花芽萌动，8月上旬始花，9月中旬盛花，11月中旬末花；8月中旬结果初期，12月下旬果熟。

迁地栽培要点

喜湿润，适合西南、华南湿润地区栽植。

主要用途

常用于绿化树种。

果枝

幼枝和芽

果横切

5
杨桐

别名：黄瑞木

Adinandra millettii (Hook. & Arn.) Benth. & Hook. f. ex Hance, J. Bot. 16: 9. 1878.

自然分布

产于浙江南部、安徽南部、江西、福建、湖南、广东、广西、贵州东南部等地区，是杨桐属中分布最广泛的一个种。

迁地栽培形态特征

灌木或小乔木，高2～16m。

茎 树皮灰褐色，小枝淡灰褐色至褐色，初有贴生伏毛，后变无毛。

叶 革质，长圆状椭圆形，长8.5～10.5cm，宽2.5～3.5cm，先端短渐尖，基部楔形，全缘，背面初时被短柔毛，后变无毛，侧脉两面隐约可见；叶柄长3～5mm。

花 单朵腋生，白色；花柄下弯，长约2cm，被短柔毛；小苞片2，早落，线状披针形；萼片5，卵状三角形，先端尖，外面被伏毛；花瓣5，卵状长圆形至长圆形，长约9mm，宽4～5mm，顶端尖，无毛；雄蕊约25，花丝上半部被柔毛；子房球形，被柔毛，3室，花柱单一，无毛。

果 球形，疏被短柔毛，直径约1cm，熟时黑色；种子黑色。

引种信息

杭州植物园 1982年从浙江临安引种种子（登记号52C11002S95-1753）。生长速度中等，长势一般。

物候

杭州植物园 3月上旬叶芽萌动，4月上旬展叶，4月下旬展叶盛期；4月中旬见花蕾，6月上旬初花，6月中旬盛花，7月上旬落花；9月下旬果实成熟，10月上旬落果。

迁地栽培要点

喜气候温暖、阳光充足，但也耐寒，宜种植于土层深厚且肥沃的弱酸性土壤中。繁殖以播种为主。病虫害少见。

主要用途

本种开花泌蜜期长，蜜粉丰富，可做蜜源植物，果实可食。

植株　枝及叶柄　花苞　花苞

茶梨属

Anneslea Wall., Pl. As. Rar. 1: 5, t. 5. 1829.

常绿乔木或灌木。叶互生，常聚生于枝顶，革质，边全缘，稀具齿尖，具叶柄。花较大，两性，着生于枝顶的叶腋，单生或数朵排成近伞房花序状，花梗通常粗长；苞片2，通常贴生于花萼之下，宿存或半宿存；萼片5,革质，基部连合，裂片5，不等大，覆互状排列，宿存；花瓣5，覆瓦状排列，基部稍连生，中部常收缩变狭窄；雄蕊30~40枚，离生，排成1或2列，着生于花托内，花药线形，顶端长尖；子房半下位,2~3室，有时5室，胚珠每室3至数个，垂生于心皮上角，花柱单一，宿存，柱头3，有时2或5。果不开裂或最后成不规则浆果状，近圆球形，外果皮厚，木质；种子三棱状倒卵形，具假种皮，胚弯曲。

约4种，分布于南亚及东南亚。我国有1种，4变种，分布于福建、台湾、海南、广东、广西、贵州、云南等地。

6

茶梨

Anneslea fragrans Wallich, Pl. Asiat. Rar. 1: 5. 1829.

枝

自然分布

产于福建中部偏南及西南部，江西南部，湖南南部莽山，广东新丰、从化、温塘山、鼎湖山、信宜、增城，广西北部，贵州东南部，云南南部、东南部、西南部等地；多生于海拔300～2500m的山坡林中或林缘沟谷地以及山坡溪沟边阴湿地。越南、老挝、泰国、柬埔寨、缅甸、尼泊尔也有分布。

迁地栽培形态特征

茎 树皮黑褐色，小枝灰白色或灰褐色，圆柱形，无毛。

叶 革质，通常聚生在嫩枝近顶端，呈假轮生状，叶通常为椭圆形或长圆状椭圆形至狭椭圆形，有时近披针状椭圆形，偶有为阔椭圆形至卵状椭圆形，顶端短渐尖，基部楔形或阔楔形，边全缘或具稀疏浅钝齿，稍反卷，密被红褐色腺点。

花 螺旋状聚生于枝端或叶腋；苞片2，卵圆形或三角状卵形，有时近圆形，外面无毛，边缘疏生腺点；萼片质厚，淡红色，阔卵形或近于圆形，无毛，边缘在最外1片常具腺点或齿裂状，其余的近全缘；花瓣5，基部连合，阔卵形，顶端锐尖，基部稍窄缩；花丝基部与花瓣基部合生达5mm，花药线形，基部着生，药隔顶端长突出；子房半下位，无毛，2~3室，胚珠每室数个，花柱顶端2~3裂。

果 浆果状，革质，近于下位，仅顶端与花萼分离，圆球形或椭圆状球形，2~3室，不开裂或熟后呈不规则开裂，花萼宿存，厚革质；种子每室1~3个，具红色假种皮。

引种信息

昆明植物园 2000年和2007年引种自景东，登录号为20000016和20070078。栽植于濒危植物区和山茶园，长势良好。

物候

昆明植物园 1月上旬叶芽萌动，3月下旬开始展叶，4月中旬进入展叶盛期；3月上旬花芽萌动，5月中旬始花，5月下旬盛花。

迁地栽培要点

喜光，土壤疏松肥沃为宜。

主要用途

绿化优良树种，具有较高观赏价值。

植株　枝条和花苞　叶芽　果实

山茶属

Camellia L., Sp. Pl. 2: 698. 1753.

灌木或乔木。叶多为革质，羽状脉，有锯齿，具柄，少数抱茎叶近无柄。花两性，顶生或腋生，单花或2~3朵并生，有短柄；苞片2~6片，或更多；萼片5~6，分离或基部连生，有时更多，苞片与萼片有时逐渐转变，组成苞被，从6片多至15片，脱落或宿存；花冠白色或红色，有时黄色，基部多少连合；花瓣5~12片，栽培种常为重瓣，覆瓦状排列；雄蕊多数，排成2~6轮，外轮花丝常于下半部连合成花丝管，并与花瓣基部合生；花药纵裂，背部着生，有时为基部着生；子房上位，3~5室，花柱5~3条或5~3裂；每室有胚珠数个。果为蒴果，5~3爿自上部裂开，少数从下部裂开，果爿木质或栓质；中轴存在，或因2室不育而无中轴；种子圆球形或半圆形，种皮角质，胚乳丰富。

本属所包含的种类争议较大，张宏达（1998）于《中国植物志》中认为该属共280余种，我国有238种；Ming & Bartholomew（2007）在*Flora of China*中认为该属包含约120，我国有97种。本书中，种的处理主要依据《中国植物志》。该属主要分布在东亚北回归线两侧，以云南、广西、广东及四川最多。

本属植物具有很高的利用价值，茶叶是广泛嗜好的饮料，是国际贸易的重要商品；种子含油量高，是食用油及工业用油的主要来源，少数种类供药用，大多数种类具有观赏价值，尤其是山茶（*C. japonica*）、滇山茶（*C. reticulata*）、茶梅（*C. sasanqua*）和黄色类茶花得到广泛栽培，深受广大茶花爱好者的青睐。

近十年来，我国以四季开花的杜鹃红山茶（*C. azalea*）和崇左金花茶（*C. chuongtsoensis*）为亲本，培育了几百个以夏季盛花期为特色的新品种，大大地延展了传统茶花品种的花期，为世界山茶产业的发展做出了突出的贡献。

山茶属植物的染色体基数为X=15，所有种的体细胞染色体数都是15的倍数，二倍体为2n=2x=30，多倍体为2n=3x、4x、5x、6x、7x、8x=45、60、75、90、105、120。所研究过的山茶属植物的多倍体基本上是异源多倍体。种内多倍性广泛存在，即同一种植物除了二倍体（2x）外，还有多倍体类型（3x、4x、6x 等），如*C. reticulata*、*C. oleifera*、*C. grijsii*、*C. japonica*、*C. sinensis*、*C.forrestii*等。

山茶属分种检索表

1（4）子房5室，花柱5条，离生，苞片未分化为苞片及萼片。
2（3）叶片卵形，卵状椭圆形，椭圆形；子房和柱头无毛，果实无毛……85. **猴子木*C. yunnanensis***
3（2）叶片形状多变，卵形，长卵形或卵状披针形；子房多少有毛至密毛，果实有毛……………………86. **毛果猴子木*C. yunnanensis* var. *camellioides***
4（1）子房通常3室，花柱3条或3浅裂；少数为4～5室，但花柱单一，先端浅裂，稀离生；苞片及萼片分化或否。
5（70）苞片未分化，数目多于10片，花开放时即脱落，花大，直径5～10cm（稀2～4cm），花无柄，子房通常3室（稀4～5室），蒴果有中轴。
6（37）花丝离生，或基部稍连生，缺花丝管，花瓣离生或稍连生。
7（22）花大，直径5～10cm，雄蕊4～6轮，长1～1.5cm，蒴果大，花柱1～1.5cm。
8（15）苞被片革质，雄蕊3～5轮，花柱合生，蒴果无糠秕。
9（10）花红色……………………70. **茶梅*C. sasanqua***
10（9）花白色。
11（12）花柱长2～8mm；蒴果小，1.4～2.5cm……………………84. **攸县油茶*C. yuhsienensis***
12（11）花柱长1～1.5cm；蒴果大，3～6cm。
13（14）花瓣长4.5～6cm，萼近秃净，花柱3～5裂，果宽达6cm……………81. **越南油茶*C. vietnamensis***
14（13）花瓣长2.5～4cm，萼被长毛，花柱3裂，果宽3～5cm……………………53. **油茶*C. oleifera***
15（8）苞被片松脆易碎，雄蕊2～4轮，花柱离生，蒴果有糠秕。
16（21）叶片较大，常长于10cm。
17（18）花大，直径7～10cm；蒴果大，直径6～10cm，果皮厚1～2cm………19. **红皮糙果茶*C. crapnelliana***
18（17）花较小，直径3～6cm，蒴果直径3～4cm，果皮厚3～8mm。
19（20）叶厚革质，椭圆形，最大13cm × 6cm，苞片约15，果皮厚5～7mm……………………50. **多苞糙果茶*C. multibracteata***
20（19）叶革质，长圆形至披针形……………………51. **扁糙果茶*C. oblata***
21（16）叶片较小，长5～8cm……………………55. **肖糙果茶*C. parafurfuracea***
22（7）花小，花瓣离生，蒴果小，1室，直径1～2cm，花柱长2～8mm，蒴果无糠秕。
23（26）叶长5～11cm，常为椭圆形，稀为长披针形。
24（25）叶表面侧、网脉极凹陷，背面具暗红色腺点，边缘具尖锐锯齿；雄蕊花丝合生达中部以上，蒴果球星，直径2～2.5cm……………………36. **长瓣短柱茶*C. grijsii***
25（24）叶表面不如上述，背面无腺点，边缘具细圆齿或锯齿；花丝近离生或基部多少合生，蒴果卵球形，长约1.5cm……………………33. **大花窄叶油茶*C. fluviatilis* var. *megalantha***
26（23）叶长2～6cm，叶狭椭圆形，先端略尖。
27（34）嫩枝有毛，花瓣长1～2cm。
28（33）苞被片6～7片，花柄上有包被脱落后留下2～3个环痕。
29（32）花白色。
30（31）叶长3～5.5cm，宽1.5～3cm；花瓣长1.5～3cm，宽0.5～1.5cm，花柱长4～7mm，蒴果近球形，径1.5～1.8cm……………………11. **短柱油茶*C. brevistyla***
31（30）叶长2～3cm，宽0.7～1.3cm；花瓣长约1cm，花柱长2～3mm，蒴果近球形，径1～1.5cm……………………12. **细叶短柱茶*C. brevistyla* var. *microphylla***
32（29）花粉红色……………………13. **红花短柱茶*C. brevistyla* f. *rubida***
33（28）苞被片10片，花柄上有5～6个苞被环痕……………………52. **钝叶短柱茶*C. obtusifolia***
34（27）嫩枝无毛，花瓣长1～2.5cm。
35（36）花白色，叶稍发亮或暗晦……………………71. **陕西短柱茶*C. shensiensis***
36（35）花红色，叶面极光亮……………………66. **粉红短柱茶*C. puniceiflora***
37（6）花丝连成短管，花瓣基部合生。

38（43）花白色，花柱3（～5）条，离生，萼片干膜质，易碎，半宿存。
39（42）子房被茸毛，种子表面有茸毛或柔毛。
40（41）萼片大，长1.5～2.5cm；果大，径达3.3cm ……………………………………………………………67. **红花三江瘤果茶*C. pyxidiacea* var. *rubituberculata***
41（40）3萼片长约1cm；果径1.5～2cm ……………………9. **尖苞瘤果茶*C. anlungensis* var. *acutiperulata***
42（37）子房无毛，种子有毛或秃净……………………………………………39. **湖北瘤果茶*C. hupehensis***
43（38）花红色，有时淡白，花柱连生，先端3（～5）裂，稀离生。
44（63）子房被茸毛，果皮被毛，较松软，不发亮。
45（50）外轮花丝或花丝管有柔毛。
46（49）叶片较大，长于10cm，如短于10cm，则叶为椭圆形；子房3～5室。
47（48）苞及萼10片，被褐色茸毛，叶缘具钝齿……………………………54. **峨眉红山茶*C. omeiensis***
48（47）苞及萼15片，被柔毛，叶缘具锐利齿……………………………64. **多齿红山茶*C. polyodonta***
49（46）叶片短于10cm，长椭圆形，下面有长丝毛，苞片及萼片14片，子房3室 ……………………………………………………………82. **长毛红山茶*C. villosa***
50（45）外轮花丝或花丝管无毛。
51（52）子房5室，蒴果4～5片裂开，嫩枝无毛，萼片10片，革质，被褐毛 ……………………………………………………………44. **贵州红山茶*C. kweichouensis***
52（51）子房3室，蒴果3片开裂。
53（58）叶椭圆形，长度为宽度的2倍。
54（55）叶片较大，长于10cm，厚革质。果直径超过3～5cm……………………68. **滇山茶*C. reticulata***
55（54）叶片短于10cm，革质或薄革质，果宽2～2.5cm。
56（57）花红色 ……………………………………………………………62. **西南红山茶*C. pitardii***
57（56）花白色 ……………………………………………………63. **西南白山茶*C. pitardii* var. *alba***
58（53）叶长圆形，卵形或倒卵长圆形，有时披针形，长为宽的3～4倍。
59（62）叶为长圆形，中部最宽。
60（61）叶片狭而短，或为竹叶状则长达9cm，叶片先端钝，果宽2.5cm，果皮厚3～5mm……………………………………………………………69. **怒江山茶*C. saluenensis***
61（60）叶片长圆形，长7～10cm或更长，宽2～3.5cm，叶先端急尖 …………80. **单体红山茶*C. uraku***
62（59）叶卵状披针形，披针形或倒卵披针形，基部圆形或微心形，有时阔楔形短于10cm……………………………………………………………26. **东南山茶*C. edithae***
63（44）子房无毛，果皮光滑，木质，干后发亮。
64（65）叶椭圆形。叶缘具钝齿，种子无毛……………………………………43. **山茶*C. japonica***
65（64）叶片长圆形或披针形，稀为倒卵状长圆形。
66（69）叶片近乎全缘；果卵圆形。
67（68）叶长圆形或披针形，先端渐尖，苞、萼外面密被柔毛……………75. **全缘红山茶*C. subintegra***
68（67）叶倒卵形或长倒卵形，先端圆形或微凹，苞、萼外面无毛…………10. **杜鹃红山茶*C. azalea***
69（66）叶片边缘有锯齿；叶片长圆形，具钝锯齿，蒴果宽15cm；种子有毛……………………………………………………………20. **厚叶红山茶*C. crassissima***
70（5）苞及萼明显分化，苞片宿存或脱落，萼片宿存，如苞与萼未分化，则全部宿存，花较小，直径2～5cm，有花柄，雄蕊离生或稍连生，子房及蒴果3（～5）室，稀1室。
71（122）子房3室均能育，果大，果皮较厚，有中轴，萼片宿存，苞片宿存或脱落，花柱3（～5）条，或连合而有浅裂。
72（73）苞与萼未完全分化，宿存，花柄极短……………………………59. **毛籽离蕊茶*C. pilosperma***
73（72）苞与萼明显分化，苞宿存或脱落，萼宿存，花柄长6～30mm。
74（117）苞片5～11片，宿存。
75（76）雄蕊离生 ……………………………………………………45. **离蕊金花茶*C. liberofilamenta***
76（75）雄蕊合生。
77（112）子房无毛。
78（97）花较大，直径3～6cm。

79（86）叶广椭圆形，花丝基部合生成短管或成束。
80（81）叶厚革质，基部耳状心形，报茎，花红色 ………………………………… 8. **越南抱茎茶*C. amplexicaulis***
81（80）叶革质或薄革质，基部楔形至圆形，花黄色。
82（85）小苞片较多，7～10枚，果较大，径4～6cm。
83（84）叶革质，长于10cm，侧脉明显下陷，锯齿明显……………………………… 28. **显脉金花茶*C. euphlebia***
84（83）叶薄革质，短于10cm，侧脉不下陷，锯齿不明显 ……………………………7. **中东金花茶*C. achrysantha***
85（82）小苞片5枚，果径3～3.5cm ……………………………………………………………38. **贵州金花茶*C. huana***
86（79）叶长圆形，花丝基部合生成短管。
87（94）叶片厚革质，侧脉7～14对，花大，直径5～6cm。
88（89）侧脉10～14对，强烈下陷，下面被柔毛，果皮薄，厚不超过2mm ……40. **凹脉金花茶*C. impressinervis***
89（88）侧脉7～9对，稍下陷，下面五毛，果皮厚2～5mm。
90（93）花大，直径5～6cm，蒴果宽4～6cm，果皮厚4～5mm
91（92）花萼绿色，阔钟形，先端5裂，裂片椭圆形，先端钝；蒴果球形 ……21. **菊芳金花茶*C. cucphuongensis***
92（91）萼片5片，卵圆形至圆形，基部略连生，先端圆；蒴果扁三角球形 ………57. **金花茶*C. petelotii***
93（90）花及蒴果直径2.5～3.5cm，果皮厚1～2mm ……58. **小果金花茶*C. petelotii* var. *microcarpa***
94（87）叶片纸质，或薄革质，偶为膜质。
95（96）叶片长8～15cm，纸质，叶基部圆形；花柄长2～4mm，花直径3cm，种子被毛 ……46. **弄岗金花茶*C. longgangensis***
96（95）叶片长5～10cm，薄革质，花径3～4.5cm，花柄长5～8mm，种子无毛 ……42. **东兴金花茶*C. indochinensis* var. *tunghinensis***
97（78）花小，直径2～2.5cm。
98（103）叶片椭圆形，薄革质，或纸质，长5～20cm。
99（100）叶片长10～20cm，花瓣长1～2cm，花丝基部1/3连生……………56. **小瓣金花茶*C. parvipelata***
100（99）叶片长5～10cm，花瓣长6～12mm，花丝近离生。
101（102）花稍小，柠檬黄色，花瓣8～9片 ………………………………………… 41. **柠檬金花茶*C. indochinensis***
102（101）花较大，深黄色，花瓣13～16片 ………………………………………… 16. **崇左金花茶*C. chuongtsoensis***
103（98）叶片长圆状披针形或卵形，革质，长4～10cm。
104（107）叶片长圆形，长6～8cm。
105（106）叶柄长3～6mm，子房2室（稀1室）………………………………………… 31. **淡黄金花茶*C. flavida***
106（105）叶柄长1cm，子房室数多变通常3室，少有2室或4室（稀5室）……32. **多变淡黄金花茶*C. flavida* var. *patens***
107（104）叶片卵形，长4～6cm。
108（109）花腋生，稀顶生，花柱3条离生…………………………………………60. **平果金花茶*C. pingguoensis***
109（108）花顶生，花柱合生，顶端3裂。
110（111）花梗长3mm，花柱长1.2～1.5cm，叶侧脉4～6对 ……61. **顶生金花茶*C. pingguoensis* var. *terminalis***
111（110）花梗长5～10mm，花柱长1.5～1.7cm，叶侧脉7～9对 ………83. **武鸣金花茶*C. wumingensis***
112（77）子房被毛。
113（116）叶片下面无毛，椭圆形，长于10cm，花柱分离。
114（115）花较大，直径3.5～5cm，花瓣9片，叶片革质，叶柄长1cm，花柄1～2mm ……47. **龙州金花茶*C. lungzhouensis***
115（114）花较小，直径2～2.5cm，花瓣6～8片，叶薄革质，叶柄长5mm，花柄极短 ……48. **小花金花茶*C. micrantha***
116（113）叶片下面被茸毛，长圆形，花柱合生……………………………………65. **毛瓣金花茶*C. pubipetala***
117（74）苞片2片，早落。
118（121）叶片长圆形或椭圆形，长于10cm，萼片5～7片，长4～7mm，有柔毛。

119（120）叶片长圆形，长于25cm，基部近圆形，下面被柔毛，干后灰绿色或浅绿色……………………30. **防城茶*C. fangchengensis***

120（119）叶片椭圆形，干后褐色，花瓣6～7片，萼长3～4mm，无毛……………………73. **普洱茶*C. sinensis* var. *assamica***

121（118）叶小，短于10cm，长圆形，无毛或偶有微毛，萼片5～8片……………………72. **茶*C. sinensis***

122（71）子房仅1室发育，果小，果皮薄，无中轴，苞及萼均宿存，雄蕊1～2轮，花柱长，连生，先端3（～5）裂。

123（158）花丝分离或下半部连生，无毛，稀有毛；子房无毛，花药背部着生。

124（137）花丝除与花瓣连生外，离生或稍连生约2～3mm。

125（130）叶长于7cm，宽于2cm，如短于7cm，则叶为长卵形，嫩枝无毛或有毛。

126（129）嫩枝及花的各部分均无毛，叶长卵形。

127（128）花梗长2～3mm，萼长2.5～4mm，花冠长1.3～2.2mm，蒴果球形，1～1.2cm……………………22. **连蕊茶*C. cuspidata***

128（127）花梗长5.5～8（～15）mm，花蕾多少带红色，花萼较大，长6～10mm，下部合生成杯状，花冠长2.5～3.5cm，果较大，径约2cm……24. **大花连蕊茶*C. cuspidata* var. *grandiflora***

129（126）小苞片和萼片外面多少被黄色柔毛或微柔毛……………………23. **浙江连蕊茶*C. cuspidata* var. *chekiangensis***

130（125）叶长2～7cm，嫩枝有毛，稀无毛。叶椭圆形或卵形，长2～4cm，先端钝。

131（134）叶椭圆形或卵形，长2～4cm，先端钝。

132（133）萼片长5mm，花长达1.8cm。萼片半月形至圆形，先端圆……………………34. **蒙自连蕊茶*C. forrestii***

133（132）萼片长2mm，花长1～1.2cm，叶卵形，先端略尖……………………14. **黄杨叶连蕊茶*C. buxifolia***

134（135）叶长圆形或卵状披针形，长2～7.5cm，先端长尾状或渐尖，稀略尖。

135（136）叶长圆形，长2～3.5cm，宽6～9mm，先端钝或略尖，萼长1～1.5mm……………………49. **微花连蕊茶*C. minutiflora***

136（135）叶披针形至卵状披针形，长4～7.5cm，宽1cm，先端长尾状或渐尖，萼长2.5～3mm……………………74. **肖长尖连蕊茶*C. subacutissima***

137（124）外轮花丝下半部连成短管。

138（155）花丝无毛。

139（148）萼片短小，长1～3mm。

140（145）萼片背面有长茸毛或柔毛。

141（142）萼片有长茸毛，叶片短小，长2～4cm……………………37. **岳麓连蕊茶*C. handelii***

142（141）萼片有短柔毛，叶片长4～10cm。

143（144）叶卵状长圆形，长4～7cm……………………18. **贵州连蕊茶*C. costei***

144（143）叶长圆状披针形，长达9cm……………………76. **窄叶连蕊茶*C. tsaii***

145（140）萼片背面无毛或仅有睫毛。

146（147）叶椭圆形或卵状长圆形，或披针形，长3～10cm，先端尖锐……29. **柃叶连蕊茶*C. euryoides***

147（146）叶阔卵形，长1～3cm，先端钝，花柄长2～4mm……………………77. **毛枝连蕊茶*C. trichoclada***

148（139）萼片长4～10mm。

149（150）萼片背面无毛。叶披针形，基部楔形，果柄长cm，花丝全部连合成长管……………………27. **长管连蕊茶*C. elongata***

150（149）萼片背面有毛。

151（154）萼片长4～5mm，苞片3～5片。

152（153）萼片有毛，花柄长2～3mm，有毛，花白色，叶长4～8cm，宽1.5～3.5cm……………………35. **毛柄连蕊茶*C. fraterna***

153（152）萼片无毛，花柄长6mm，无毛，花紫红色……………………25. **秃梗连蕊茶*C. dubia***

154（151）萼片长8～9mm，钟状，被褐色短柔毛，苞片3～8片，叶长圆形，花柱3条离生……………………15. **钟萼连蕊茶*C. campanisepala***

155（138）花丝有毛。

156（157）萼片披针形，长3～4mm……………………78. **毛萼金屏连蕊茶*C. tsingpienensis* var. *pubisepala***

157（156）萼片长1～2.5mm，叶先端尖锐或渐尖…………………………………………79. **细萼连蕊茶*C. tsofui***
158（123）花丝多数连生，稀离生，有毛；子房有毛，蒴果有毛，花药基部着生，叶长6～10cm，宽2～3cm，花柄长3mm…………………………………………………………17. **心叶毛蕊茶*C. cordifolia***

7 中东金花茶

Camellia achrysantha Hung T. Chang et S. Ye Liang, Guangxi Forestry Science, 23 (1): 52. 1994.

植株

自然分布

产广西扶绥县中东乡；生于海拔120～230m的石灰岩山谷木林中。

迁地栽培形态特征

常绿灌木，高1～2m。

茎 树皮黄褐色。

叶 革质，长6～9.5cm，宽2.5～4cm，有时稍大，先端钝尖，基部宽楔形，上下两面无毛，侧脉5～6对，在上面稍陷下，网脉不明显，边缘具细锯齿，或近全缘，叶柄长5～7mm。

花 单生于叶腋，直径2.5～4cm，黄色，花梗下垂；苞片4～6片，半圆形，长2～3mm，外面无毛，内面被白色短柔毛；萼片5片，近圆形，无毛，但内侧有短柔毛；花瓣10～13片，外轮近圆形，无毛，内轮倒卵形或椭圆形；雄蕊多数，外轮花丝连成短管；子房3室，无毛，花柱3条，分离。

果 蒴果腋生，扁三角球形，无毛，3室，每室有种子1粒，3爿裂开，果爿薄，果柄有宿存苞片3~4片，苞片半圆形，无毛；宿存萼片5片，半圆形至圆形，无毛。

引种信息

昆明植物园 引种信息不详。栽培于山茶园金花茶保育温室，生长速度较快，长势较好。

物候

昆明植物园 5月中旬开始叶芽萌动，6月上旬开始展叶，7月上旬进入展叶盛期；10月上旬始花，11月中旬盛花，翌年3月中旬末花；7月下旬结果中期，9月果熟。

迁地栽培要点

喜温暖湿润气候，宜种植于土层深厚、腐殖质较多的土壤。发新梢的季节注意防治蚜虫危害。

主要用途

本种可用于黄色茶花新品种的培育，制作盆景、插花等。

植株 花背面 花正面 花枝

8
越南抱茎茶

Camellia amplexicaulis (Pit.) Cohen-Stuart, Meded. Proefstat. Thee 40: 67. 1916.

植株

自然分布

分布越南北部河内附近，当地作为观赏花木栽培上市。

迁地栽培形态特征

小乔木，高达7m。

茎 嫩枝无毛，紫褐色。

叶 单叶，互生，椭圆形或长椭圆形。基部耳状心形，抱茎，边缘具篦齿状尖锐细锯齿，表面深绿色，有光泽，背面淡绿色，具褐色腺点。

花 单生，腋生或近顶生，红色，径约7厘米；花梗粗壮，长约1cm，具6~7枚小苞片；小苞片星月形、卵形、半圆形至圆形，革质，长1~5mm，两面无毛，宿存；萼片5，卵形或近圆形，革质，长711mm，宽712mm，外面无毛，里面被短柔毛，宿存；花瓣8~13，阔倒卵形或倒卵形，肉质，长2.54cm，宽2~3cm，先端圆形，外方2~4枚较小，离生，内轮花瓣基部连生，与雄蕊群贴生；雄蕊多数，长约3cm，外轮花丝部合生成管状，被黄褐色短柔毛，内轮花丝近离生，下部被短柔毛；子房卵球形，径3.54mm，先端3浅裂，花柱3，离生，长约2.5cm，无毛。

果 浆果状，革质，近于下位，仅顶端与花萼分离，圆球形或椭圆状球形，直径2~3.5cm，2~3室，不开裂或熟后呈不规则开裂，花萼宿存，厚革质；种子每室1~3个，具红色假种皮。

引种信息

昆明植物园 2006年引自越南北部。

物候

昆明植物园 1月上旬花芽开始萌动，3月上旬开始展叶，5月上旬进入展叶盛期；1月下旬花芽开始萌动，2月中旬始花，3月上旬盛花，4月下旬末花；6月上旬始结果。

迁地栽培要点

抗寒能力一般，但耐霜冻；耐阴，但不能忍耐夏季的强阳光。在酸性砖红壤中生长良好。

主要用途

观赏价值高，是良好的育种材料。

幼果　果实　花正面　花柱

9
尖苞瘤果茶

Camellia anlungensis Hung T. Chang var. ***acutiperulata*** (Hung T. Chang et C. X. Ye) T. L. Ming, Acta Bot. Yunnan. 15: 127. 1993.

花枝

自然分布

产广西西北部隆林（模式标本产地）；生于海拔900～1200m的山坡林内。

迁地栽培形态特征

小乔木，高3～6m。

茎 当年生枝浅棕色，无毛。

叶 叶柄长0.7～1cm，无毛。叶革质，长圆形，长5.5～10cm，宽2.5～4cm，先端渐尖，基部楔形，上面深绿色，发亮，背面浅绿色，两面无毛；侧脉7~9对，叶边缘有锐利细锯齿。

花 腋生或顶生，双花或单花，花朵直径3~ 4.5cm，白色，近无柄，小苞片3片，半圆形，早落。萼片5~6片，卵圆形，逐渐增大，长0.7~1.5cm，背面有绢毛；花瓣7~8片，倒卵形或长倒卵形，2.5~3.5cm × 0.8~1.5cm，基部合生部分约5mm，花瓣先端微凹。雄蕊长1~2cm，外轮花丝基部连生0.7~1cm，游离花丝及花丝管均无毛，花丝管基部与花瓣连生；子房微皱，无毛，花柱3条，长2cm，无毛。

果 腋生或顶生，无柄。蒴果球形，直径2~2.5cm，1~3室，有种子1~3粒。果实表面有多数瘤状凸起，种子半球形，被棕色毛。花柱3条，宿存，长约2cm，无毛。

引种信息

西双版纳热带植物园 1990年11月8日，从广西南宁市树木园引种种子100g，引种号：00,1990,0244。

物候

西双版纳植物园 1月上旬至中旬叶芽萌动，1月中旬至下旬展叶，2月上旬至中旬展叶盛期；9月下旬至10月上旬见花蕾，10月中旬初花，10月下旬至11月上旬盛花，翌年1月上旬至中旬落花。

主要用途

园林观赏。

花枝　叶正面　花芽和花背面　花和叶背面

10

杜鹃红山茶

Camellia azalea C. F. Wei, Bull. Bot. Res., Harbin 6 (4): 141. 1986.

植株

自然分布

分布局限于广东西南部阳春市海拔540m的山地。

迁地栽培形态特征

灌木或小乔木，高1~5m。

茎 嫩枝红色，无毛，老枝灰色。

叶 革质，倒卵状长圆形，有时长圆形，先端圆形或钝，边缘全缘，多少反卷，上面干后深绿色，发亮，下面绿色，无毛。

花 深红色，单生于枝顶叶腋；苞片与萼片8~9片，倒卵圆形，外面无毛，内面有短柔毛，边缘有睫毛，花瓣5~6片，长倒卵形，外侧3片较短，内侧3片，无毛，先端凹入，多少有睫毛，子房3室，无毛，花柱先端3裂。

果 蒴果短纺锤形，有半宿存萼片，果爿木质，3爿裂开，每室有种子1~3粒。

引种信息

桂林植物园 2011年从广州引种。

昆明植物园 2009年从广东阳春引种。

物候

桂林植物园 7月上旬叶芽萌动，7月下旬开始展叶，8月中旬进入展叶盛期；花期为4～12月，盛花期5～10月，其他时间有零星开花。

昆明植物园 11月叶芽萌动，翌年3月上旬开始展叶，4月上旬展叶盛期；2月花芽萌动，5月始花，6月盛花，10月下旬花末；12月下旬果熟。

迁地栽培要点

一般种植在林冠下层，为半阳性树种，较为耐阴。

主要用途

观赏。在温度较高的区域能四季开花，温度稍低的则夏季为盛花期。是优良的育种材料。

花正面 花枝 花侧面 枝

11
短柱油茶

Camellia brevistyla (Hayata) Cohen-Stuart, Meded. Proefstat. Thee 11: 67. 1916.

花

自然分布

产华东南部至华南地区，主要分布在安徽、福建、广东、广西、江西和台湾等地。

迁地栽培形态特征

灌木或小乔木，高2~8m。

茎 树皮褐色，老枝灰褐色，小枝褐色，嫩枝被柔毛。

叶 革质，狭椭圆形，长3~5cm，宽1.5~2.5cm，先端稍尖，基部楔形，边缘具钝齿，叶面深绿色，稍有光泽，背面淡绿色，无毛；叶柄长5~6mm，有短粗毛。

花 顶生或腋生，几无花梗，苞被片6~7枚，阔卵形，背面略有灰白柔毛。花瓣5，阔倒卵形，基部与雄蕊连生约2mm，雄蕊长5~9mm，下半部连合成短管，无毛；子房有长粗毛，花柱长1.5~4mm，完全分裂为3条，有时4条，或仅先端3裂。

果 蒴果圆球形，径约1~1.5cm，1颗种子。

引种信息

南京中山植物园　引种信息不详。

物候

南京中山植物园　3月上旬叶芽萌动，4月上旬展叶，4月下旬展叶盛期；10月上旬见花蕾，10月中旬初花，11月上旬盛花，11月下旬落花；10月中旬果实成熟，11月上旬落果。

迁地栽培要点

喜气候温暖的半阴环境，忌阳光直射暴晒，宜种植于土层深厚且肥沃的弱酸性土壤中。可播种或扦插繁殖，抗病虫害强。

主要用途

开花密集，可用作园林绿化树种。种子含油量较高，可作油料树种。

植株　树干　花　幼果

12
细叶短柱茶

Camellia brevistyla (Hayata) Cohen-Stuart var. ***microphylla*** (Merr.) T. L. Ming, Acta Bot. Yunnan. 21: 158. 1999.

植株

自然分布

产安徽、浙江、湖南、贵州、江西。模式标本采自安徽休宁与江西婺源之间的山地。

迁地栽培形态特征

灌木，高1～2m。

茎 树皮光滑，黄褐色，小枝褐色，被柔毛，后脱落。

叶 革质，倒卵形，长2～4cm，宽1.5～2cm，先端钝圆，基部阔楔形，边缘上半部具细锯齿，叶面中脉被短柔毛，背面无毛，侧脉及网脉两面不明显；叶柄长1.5～3mm，被柔毛。

花 顶生，白色，略芳香；花柄极短或无柄；苞片和萼片共7～8，阔倒卵形，外面沿中部疏被短柔毛，里面无毛；花瓣5，倒卵形，长8～12mm，宽5～8mm，先端多少凹缺；雄蕊长5～6mm，下半部连生，无毛；子房球形，被粗柔毛，花柱3条，长2～3mm，无毛。

果 蒴果球形，直径1～1.5cm，有种子1～2粒。

引种信息

杭州植物园 1988年从江西引入小苗。生长速度中等，长势良好。

物候

杭州植物园 2月中旬叶芽萌动，4月上旬展叶，4月下旬展叶盛期；7月下旬见花蕾，11月上旬初花，11月下旬盛花，12月下旬落花；10月下旬果实成熟，11月上旬落果。

迁地栽培要点

耐寒性和抗旱性均较强，宜种植于林下肥沃的弱酸性土壤中。繁殖以播种、扦插为主。病虫害少见。

主要用途

本种叶片密集，花小巧稠密，适合制作成小型盆景。

花正面 叶正面 芽 幼叶

13
红花短柱茶

Camellia brevistyla (Hayata) Cohen-Stuart f. ***rubida*** P. L. Chiu

植株

自然分布

产于浙江遂昌、龙泉、庆元、云和、泰顺等地。

迁地栽培形态特征

灌木，高2～3m。

茎 树皮光滑，黄褐色，小枝褐色，被柔毛，后脱落。

叶 革质，椭圆形至长椭圆形，长3～4cm，宽1～1.6cm，先端钝，基部阔楔形，边缘具细小锯齿，叶面沿中脉被短柔毛，背面无毛，侧脉及网脉两面不明显；叶柄长2～4mm，被柔毛。

花 顶生，淡红色至红色；苞片和萼片共7～8，阔倒卵形至圆形，先端微凹，外面沿中部疏被短柔毛，边缘被睫毛；花瓣5，倒卵形至倒卵状长圆形，长1.2～1.5mm，宽5～8mm，先端多少凹缺；雄蕊长5～6mm，基部连生2～4mm，无毛；子房球形，被粗柔毛，花柱3条，长2～3mm，无毛。

果 蒴果球形，直径1～2cm，通常有种子1～2粒。

引种信息

杭州植物园 1977年从浙江南部地区引入（登记号77C11005U95-1732）。生长速度中等，长势良好。

物候

杭州植物园 2月上旬叶芽萌动，3月下旬展叶，4月上旬展叶盛期；7月下旬见花蕾，11月上旬初花，12月上旬盛花，12月下旬落花；10月下旬果实成熟，11月上旬落果。

迁地栽培要点

抗逆性强，喜酸性肥沃的土壤。可在全日照或半日照环境下生长，但夏季烈日暴晒下易产生日灼，应适当遮阴。繁殖以播种、扦插为主。病虫害少见。

主要用途

本种株型优美，抗性强，叶片小而密，花红色精致，是极具推广价值的园林绿化树种，亦可制作成盆景或当插花材料。

花芽 叶正面 花 果实 成熟果实

14

黄杨叶连蕊茶

Camellia buxifolia Hung T. Chang, Tax. Gen. Camellia 139. 1981.

枝条

自然分布

产四川及湖北兴山。模式标本采自四川峨眉山。

迁地栽培形态特征

灌木，高1.5～3m。

茎 树皮光滑，灰褐色，嫩枝被长柔毛，后脱落。

叶 革质，卵圆形或椭圆形，长2～3cm，宽1～1.6cm，先端渐尖或钝尖，基部阔楔形，边缘具疏锯齿，叶面无毛或沿中脉略被柔毛，背面沿中脉略被柔毛，侧脉叶面凹陷，背面不明显；叶柄长1～2mm，略被短柔毛。

花 顶生兼腋生，白色，略芳香；苞片4，边缘具睫毛；萼片5，边缘具睫毛；花瓣5，倒卵圆形，长1.5～1.8cm，先端圆，基部与雄蕊略合生；雄蕊长8～10mm，基部与花瓣连生，其余离生，无毛；子房无毛，花柱长7～10mm，先端3浅裂，无毛。

果 蒴果长球形至梨形，长10mm，宽7～8mm，2～3室，内有种子1粒，果爿厚约1mm。

引种信息

杭州植物园 2010年从金华市林业局引入扦插苗（登记号10C11004-004）。生长速度快，长势良好。

物候

杭州植物园 2月中旬叶芽萌动，3月上旬展叶，3月中旬展叶盛期；10月下旬见花蕾，1月中旬初花，3月上旬盛花，4月上旬落花；11月下旬果成熟，12月上旬落果。

迁地栽培要点

抗旱性、耐寒性、耐热性均较强，但不宜阳光直晒，喜排水良好、土质肥沃的弱酸性土。繁殖以播种、扦插为主。病虫害少见。

主要用途

本种树型紧凑、生长速度快、抗性强、花朵稠密且略具芳香，可作为园林绿化树种，丛植片植均可，也可作绿篱植物。

植株　花苞　叶背面　叶正面　花

15

钟萼连蕊茶

Camellia campanisepala Hung T. Chang, Tax. Gen. Camellia 160. 1981.

植株

自然分布

产于广东。

迁地栽培形态特征

灌木，高可达3m。

茎 小枝褐色，嫩枝红褐色，初时疏被长柔毛，后很快脱落。

叶 革质，长圆形，长2～4.8cm，宽1.2～2cm，先端渐尖，基部楔形至钝圆形，边缘具锯齿，叶面无毛或仅在在中脉基部被短毛，背面无毛，侧脉叶面略可见，背面不明显；叶柄长1～2.3mm，被短毛。

花 栽培植株尚未开花。

果 栽培植株蒴果未见。

引种信息

杭州植物园 2015年从恩施冬升植物开发有限责任公司引入扦插苗（登记号15C21004-048）。生长速度中等，长势一般。

物候

杭州植物园 2月中旬叶芽萌动，3月上旬展叶，4月上旬展叶盛期。

迁地栽培要点

除耐寒性、耐热性稍差外，其余抗性较强，夏季需遮阴，冬季低于-5℃易产生冻害。繁殖以扦插为主。病虫害少见，主要有炭疽病。

主要用途

本种花朵稠密、植株紧凑，花朵初放时外围花瓣背面略带红色，具有一定的园艺观赏价值，可用于养护水平较高的公园绿地或庭院绿化。

枝条

枝

叶正面

叶背面

16
崇左金花茶

Camellia chuongtsoensis S. Ye Liang et L. D. Huang, Forestry of Guangxi, 6: 33. 2010.

植株

自然分布

产于广西崇左市江州区太平镇马鞍村陇留屯，海拔350m的石灰岩中。野生种被盗挖严重，野外已几近灭绝。

2008年由梁盛业和黄连冬发现，并于2010年在《广西林业》第六期33页发表了裸名*Camellia chuongtsoensis*和中文描述，有线条图和彩色照片。2010年高继银等在*International Camellia Journal*上在介绍该种时采用*C. chuongtsoensis*的名称，并补充了英文描述。2014年在《广东园林》第一期69-70页正式发表了《四季花金花茶——金花茶一新种》，学名为*Camellia perpetua* Liang et Huang, 有中英文描述。但这两个名字都未被IPNI收录。目前世界上普遍采用的是崇左金花茶这一名称。

迁地栽培形态特征

常绿灌木，树高3~5m。

茎 树皮褐红色，嫩枝无毛，老枝褐灰色。

叶 革质，椭圆形，长8~11cm，宽3.5~4.5cm，先端钝尖，基部近圆形，叶面深绿色发亮，叶背浅绿色，两面均无毛，中脉两面突起，侧脉4~5对，边缘细锯齿，叶柄绿色，无毛。

花 常单生，腋生，薄黄色，花径5~6cm，花瓣13~16瓣，长椭圆形，外轮花瓣较小，内轮花瓣2~3片较小近长圆形；花蕾卵形，黄色，苞片5，淡绿色，无毛，半圆形宿存2片，萼片3，近圆形，无毛，宿存；雄蕊多数，五轮排列，花丝无毛，外轮花丝基部连生短管，内轮花丝基部离生，花药黄色，椭圆形，子房近球形，无毛，花柱3条，完全分裂，无毛。

果 蒴果具棱球形，三室，成熟的果皮淡黄色，光滑；种子无毛。

引种信息

昆明植物园 引种信息不详。生长速度中等，长势良好，栽植于山茶园金花茶保育温室。

桂林植物园 2012年从广西崇左引种。长势良好。

物候

昆明植物园 2月叶芽萌动，3月上旬开始展叶，4月中旬进入展叶盛期；2月花芽萌动，5月始花，6月盛花，翌年1月末花；果未见。

桂林植物园 10月上旬叶芽萌动，10月下旬开始展叶，11月中旬进入展叶盛期；盛花期为5~6月，其他月份陆续有少量花朵开放，几乎全年开花不断，花期长达300多天；果实陆续成熟。

迁地栽培要点

本种适宜在偏酸性且质地疏松，排水透气良好的土壤上生长，既喜阴又耐阳，抗性和适应性很强，比其他茶花都容易栽培。在昆明植物园东园的金花茶保育温室中，蚜虫危害较重。

主要用途

本种花期较长，可用于园林绿化，盆景。夏季盛花期，又是黄色花，是培育四季开花山茶品种的优良育种材料。

花枝　花正面　花侧面　花枝

17

心叶毛蕊茶

Camellia cordifolia (Metc.) Nakai, Journ. Jap. Bot. 16: 692. 1904.

植株

自然分布

产于广东、广西、云南、贵州、湖南、江西、福建、台湾。

迁地栽培形态特征

灌木或小乔木，高可达5m。

茎 树皮灰褐色，小枝密被长粗毛。

叶 革质，长圆状披针形或长卵形，长6～8.5cm，宽2.5～3.5cm，先端渐尖或尾尖，基部心形至圆形，边缘具细锯齿，叶面具光泽，沿中脉被短毛，背面被疏长柔毛，沿中脉较密，中脉两面凸起，侧脉两面不明显；叶柄长3～5mm，被长粗毛。

花 顶生兼腋生，白色，略芳香；苞片4～5，半圆形至宽卵形，外面被短柔毛，里面无毛；萼片5，卵形到近圆形，外面被短柔毛，里面被短柔毛或无毛；花瓣5～7，倒卵形，长1～1.6cm，先端圆或微凹缺，背面有毛，基部与雄蕊合生约4mm；雄蕊长1.5～1.7cm，被白色长柔毛，外轮花丝基部连生1～1.2cm；子房被长柔毛，花柱长1.2～2mm，被长柔毛，先端3浅裂。

果 蒴果近球形，直径约1.5cm，内有种子1～2粒，果爿厚约2mm。

引种信息

杭州植物园 1988年从江西引入小苗。生长速度中等，长势一般。

物候

杭州植物园 2月中旬叶芽萌动，3月上旬展叶，4月上旬展叶盛期；7月中旬见花蕾，11月上旬初花，11月中旬盛花，12月中旬落花；10月下旬果实成熟，11月上旬落果。

迁地栽培要点

耐瘠薄、耐阴、耐修剪，对土壤要求不高，但宜种植于弱酸性土壤中。繁殖以播种、扦插为主。病虫害少见。

主要用途

本种耐瘠薄、耐阴性较好，可在立地条件及养护条件较差的地方种植，用于绿化、美化环境。

花枝 果枝 叶芽 叶背面 果实

18

贵州连蕊茶

Camellia costei H. Léveillé, Repert. Spec. Nov. Regni Veg. 10: 148. 1911.

花枝

自然分布

产云南镇雄、威信、广南等地，四川，贵州，广西北部，湖南西部和湖北西部也有分布；生于海拔1200~2600m的常绿阔叶林。

迁地栽培形态特征

灌木或小乔木，高达7m。

茎 嫩枝有短柔毛。

叶 革质，卵状长圆形，先端渐尖，或长尾状渐尖，基部阔楔形，长4~7cm，宽1.3~2.6cm，上面干后深绿色，发亮，中脉有残留短毛，下面浅绿色，初时有长毛，以后秃净，边缘有钝锯齿，齿刻相隔1~3mm，叶柄有短柔毛。

花 顶生及腋生，花柄长3~4mm，有苞片4~5片；苞片三角形，先端尖，最长2mm，先端有毛；花萼杯状，萼片5片，卵形，先端有毛；花冠白色，花瓣5片，基部3~5mm与雄蕊连生，最外侧1~2片倒卵形至圆形，有睫毛，内侧3~4片倒卵形，先端圆或凹入，有睫毛；雄蕊无毛，花丝管长7~9mm；子房无毛，花柱先端极短3裂。

果 蒴果圆球形，1室，有种子1粒，果爿薄。

引种信息

昆明植物园 1986年引种于贵州赤水，登录号19860029。栽培于山茶园中，生长中等，长势良好。

物候

昆明植物园 12月下旬叶芽萌动，翌年2月下旬开始展叶，4月上旬展叶盛期；7月下旬花芽萌动，9月中旬始花，10月中旬盛花，翌年1月末花；6月下旬结果初期，10月中旬果实成熟。

迁地栽培要点

抗性比一般的茶花强，较耐寒、病虫害少。宜生长在富含腐殖质、湿润的微酸性土壤。在强阳光下及半阴环境均生长良好，生长速度较快，开花量大，结实率高。通常用播种繁殖，也可用扦插繁殖。春季花开过后至抽梢前，可及时追施复合肥水1~2次。

主要用途

树冠好，材质优良，纹理直，结构细，供家具、图板、细木工等用。

果枝 嫩叶 花枝 花 枝条

19

红皮糙果茶

Camellia crapnelliana Tutcher, J. Linn. Soc., Bot. 37: 63. 1904.

果枝

自然分布

产香港、广西南部、福建、江西及浙江南部。

迁地栽培形态特征

小乔木，高6~7m。

茎 树皮红色，嫩枝无毛。

叶 硬革质，倒卵状椭圆形至椭圆形，长8~17.5cm，宽4~7.5cm，先端短尖，尖头钝，基部楔形，上面深绿色，下面灰绿色，无毛，侧脉约6~8对，在上面明显，在下面明显突起，侧脉在叶缘形成拱形，边缘有细钝齿，叶柄长6~10mm，无毛。

花 顶生，单花，直径7~10cm，近无柄；苞片3片，紧贴着萼片；萼片5片，倒卵形，长1~1.7cm，宽2cm，外侧有茸毛，脱落；花冠白色，长4~4.5cm，花瓣6~8片，倒卵形，长3~4cm，宽1~2.2cm，基部连生约4~5mm，最外侧1~2片近离生，基部稍厚，革质，背面有毛；雄蕊长1.2cm，多轮，无毛，外轮花丝与花瓣连生约5mm；子房有毛，花柱3条，长1.5cm，有毛。胚珠每室4~6个。

果 蒴果球形，直径6~10cm，果皮厚1~2cm，干后疏松多孔隙，3室，每室有种子3~5个。

引种信息

峨眉山生物站 2005年从四川都江堰引种，2005年3月24日从四川都江堰引种，引种编号：05-0001-DJY。

昆明植物园 1979年和1988年引种自杭州，登录号分别为19790046和19880016，栽植于山茶园和濒危植物区，长势良好。

武汉植物园 引种信息不详。

物候

峨眉山生物站 2月下旬叶芽萌动，3月上旬展叶，4月展叶盛期；9月中旬见花蕾，9月下旬初花，10月下旬盛花，12月上旬落花；9月中旬果实成熟。

昆明植物园 10月中旬叶芽开始萌动，翌年1月下旬开始展叶，2月上旬展叶盛期；10月上旬始花，12月上旬末花。

武汉植物园 上旬叶芽萌动，3月中旬展叶，3月下旬展叶盛期；9月中旬见花蕾，10月下旬初花，11月上旬盛花，12月下旬落花；9月下旬果实成熟，10月下旬落果。

迁地栽培要点

喜温暖气候，疏松肥沃排水良好的酸性土壤，喜光，适应性强。

主要用途

2004年被《中国物种红色名录》列为极危种，树干挺拔，叶大，革质，花果硕大，花期长，略香，是极具潜力的园林绿化树种。

花正面

花枝

植株
花枝
果枝
果实
花枝
花正面
树干

20
厚叶红山茶

Camellia crassissima Hung T. Chang & S. H. Shi, Acta Sci: Nat. Univ. Sunyatseni 23 (2): 75. 1984.

枝条

自然分布

产于江西、湖南。

迁地栽培形态特征

灌木或小乔木，高可达4m。

茎 树皮灰褐色，小枝褐色，无毛。

叶 厚革质，长圆形或椭圆形，长11～13cm，宽4～5cm，先端长尖至渐尖，基部楔形，边缘疏生尖锐的锯齿，齿距3～7mm，两面无毛；侧脉两面突起；叶柄长1.2～1.6cm。

花 栽培植株尚未开花。

果 栽培植株蒴果未见。

引种信息

杭州植物园 2014年从上海星源农场引入嫁接苗（登记号14C02003-013）。生长速度慢，长势差。

物候

杭州植物园 2月下旬叶芽萌动，3月下旬展叶，4月中旬展叶盛期。

迁地栽培要点

耐热性、抗旱性较差，夏季无遮阴易缺水萎蔫或叶片出现日灼斑。喜肥，宜种植于排水良好的弱酸性土中。繁殖以扦插、嫁接为主。常见病虫害为炭疽病、黑翅土白蚁。

主要用途

本种叶片大、花色红，树形开张，是一种极具潜力的园林绿化树种，宜种植于养护管理较强的地方。此外，本种种子含油量高，又是一种优良的食用油料植物。

植株　叶正面　叶正面

21 菊芳金花茶

Camellia cucphuongensis Ninh et Rosmann, Int. Camellia J. 30: 71. 1998.

植株

自然分布

原产越南北部宁平省菊芳国家公园，模式标本Tran Phuong Anh PA95109藏于越南国立大学标本馆。

迁地栽培形态特征

常绿灌木或小乔木，树高3~6m。

茎 老茎灰白色，具有多分枝，小枝细长，红褐色，直立或斜向上，有片状剥落。

叶 薄革质，长圆形或长椭圆形，长7~15cm，宽4~5cm，先端锐尖，基部钝或渐狭，边缘细锯齿或近似细锯齿缘，叶脉表面明显凹下，而于背面隆起，侧脉7~9对；叶面有光泽，背面略散生茸毛；叶柄被疏毛或近似光滑无毛。

花 单生，顶生或腋生，长4.5cm，宽4.5cm，金黄色；花柄略粗壮；苞片多枚，较小，多少残存；花萼绿色，阔钟形，先端5裂，裂片椭圆形，先端钝；雄蕊多数，基部合生，花丝黄色；子房卵形，花柱4~5条，离生。

果 蒴果球形，成熟时3裂。

引种信息

昆明植物园 引种信息不详。生长速度中等，长势一般，栽植于山茶园的金花茶保育温室。

物候

昆明植物园 2月上旬叶芽开始萌动，5月上旬开始展叶，7月中旬展叶盛期；7月上旬至翌年5月下旬一直在开花；11月上旬果熟。

迁地栽培要点

在昆明植物园东园的金花茶保育温室之中，蚜虫危害较重。

主要用途

本种可用于金花茶的育种材料，盆景等。

22
连蕊茶

Camellia cuspidata (Kochs) H. J. Veitch, Gard. Chron., ser. 3, 51: 228, 262. 1912.

花

自然分布

产云南马关、绿春等地，四川东部、贵州、广西北部、广东北部、湖南、江西、福建、浙江、安徽南部、湖北西部、陕西南部也有分布；生于海拔1600～2200m的常绿阔叶林。

迁地栽培形态特征

灌木，树高1～4 m。

茎 幼枝麦秆黄色，纤细，无毛，有时疏生微柔毛，迅即脱落变无毛，老枝灰褐色。

叶 薄革质，长圆状椭圆形或长圆状披针形，长4.5～7.5cm，宽1.5～2.5cm，先端长尾尖，基部阔楔形或近圆形，边缘具细锯齿，叶面无毛或沿中脉上疏生微柔毛，略有光泽，背面无毛；叶柄无毛。

花 单生叶腋或侧枝顶端，花梗长2～3mm；小苞片4枚，卵形或半圆形，外面无毛，宿存；萼片近离生，阔卵形或半圆形，边缘宽膜质，外面无毛，里面被平伏柔毛，宿存；花冠基部与雄蕊贴生，花瓣阔卵圆形或近圆形，先端微凹；雄蕊无毛，花丝基部合生；雌蕊无毛，子房卵形，花柱先端3浅裂。

果 蒴果球形，果皮薄；种子球形，褐色。

引种信息

昆明植物园 1980年引种于广西防城。生长速度中等，长势良好，栽培于山茶园。

物候

昆明植物园 2月上旬花芽萌动，4月上旬开始展叶，4月下旬进入展叶盛期；9月上旬花芽萌动，10上旬盛花，11月下旬末花；6月上旬结果初期，10月结果末期。

迁地栽培要点

喜温暖湿润的气候环境，忌烈日，喜半阳的散射光照，亦耐阴。春季花开过后至抽梢前，可及时追施复合肥水1次。种子也需要随采随播，发芽率高。

主要用途

树形好，叶有光泽靓丽，枝条稠密，四季常绿，是良好的园林绿化树种。

枝条

叶正面

花苞

23
浙江连蕊茶

Camellia cuspidata (Kochs) H. J. Veitch var. ***chekiangensis*** Sealy, Rev. Gen. Camellia 58. 1958.

植株

自然分布

产于浙江南部和东部。模式标本采自浙江天目山。

迁地栽培形态特征

灌木，高可达3m。

茎 老枝灰褐色，嫩枝无毛或有时被疏微柔毛，后很快脱落。

叶 革质，卵状披针形、椭圆形、披针状椭圆形或倒卵状椭圆形，长4.6~5.8cm，宽1.5~2cm，先端钝尖至尾状渐尖，基部楔形至圆形，边缘具细锯齿，叶面无毛或沿中脉被疏微柔毛，背面无毛，中脉在叶面凹陷，背面突起，侧脉在叶面略凹陷，背面不明显；叶柄长4~5mm，初时被短毛。

花 顶生兼腋生，白色，有时外轮花瓣近顶端带红晕，具芳香；花梗长2~4mm，被毛；苞片4，小形，外面被黄色柔毛；萼片5，卵形至半圆形，外面被黄色柔毛；花瓣5~7，阔卵形至倒卵形，长1.8~2.2cm，先端凹缺，基部与雄蕊合生；雄蕊长1.3~2.0cm，外轮花丝基部连生8~10mm，无毛；子房卵形，无毛，花柱长1.5~1.8cm，先端3浅裂，无毛。

果 栽培植株蒴果未见。记录蒴果球形。

引种信息

杭州植物园 2014年从浙江台州仙居括苍山自然保护区引入小苗（登记号14C11003-002）。生长速度中等，长势良好。

物候

杭州植物园 2月中旬叶芽萌动，3月中旬展叶，4月上旬展叶盛期；11月上旬见花蕾，2月上旬初花，2月中旬盛花，2月下旬落花。

迁地栽培要点

抗寒性强，可栽植于较寒冷的地区。但抗热性较差，夏季宜遮阴养护。对土壤要求不高，肥沃深厚的弱酸性土壤有利于其生长。病虫害少见。

主要用途

本种花朵稠密且具芳香，是培育丰花和具香味茶花品种的优良种质资源。此外，本种树形紧凑，抗性强，可用于园林绿化。

24
大花连蕊茶

Camellia cuspidata (Kochs) H. J. Veitch var. ***grandiflora*** Sealy, Kew Bull. 216. 1950.

植株

自然分布

产于湖南武冈云山。

迁地栽培形态特征

灌木，高可达3m。

茎 老枝灰褐色，嫩枝无毛或有时被疏微柔毛，后很快脱落。

叶 革质，椭圆形、披针状椭圆形或倒卵状椭圆形，长4.7~7cm，宽1.4~2.3cm，先端钝尖至渐尖，基部楔形至圆形，边缘具细锯齿，叶面无毛或沿中脉被疏微柔毛，背面无毛，侧脉在叶面略可见，背面不明显；叶柄长2~4mm，无毛或被微毛。

花 栽培植株尚未开花。记录花顶生兼腋生，白色。

果 栽培植株蒴果未见。记录蒴果球形。

引种信息

杭州植物园 2015年从恩施冬升植物开发有限责任公司引入扦插苗（登记号15C21004-047）。生长速度中等，长势一般。

物候

杭州植物园 2月中旬叶芽萌动，3月中旬展叶，4月上旬展叶盛期。

迁地栽培要点

抗寒性强，可栽植于较寒冷的地区。但抗热性较差，夏季宜遮阴养护。生长速度较慢，对土壤要求不高，肥沃深厚的弱酸性土壤有利于其生长。繁殖以扦插为主。病虫害少见，主要有炭疽病、黑翅土白蚁。

主要用途

本种花朵稠密且具芳香，是培育丰花和具香味茶花品种的优良种质资源。此外，本种树形紧凑，抗性强，可用于园林绿化，但养护要求较浙江连蕊茶稍高。

叶正面

叶背面

25
秃梗连蕊茶

Camellia dubia Sealy, Rev. Gen. Camellia 68. 1958.

枝条

自然分布

产江西、湖北、四川。

迁地栽培形态特征

灌木或小乔木。高达5m。

茎 树皮灰色，嫩枝有柔毛。

叶 革质，椭圆形，长6~8cm，宽1.5~3.5cm，先端渐尖，尖头略钝，基部阔契行，有时接近圆形，中肋稍突起，有残留短毛，初时有长毛，以后变秃净，或在中脉基部多少有毛，侧脉约6对，在上下两面均不明显，边缘锯齿相隔2~2.5mm，叶柄长3~5mm，有柔毛。

花 单生于枝顶或叶腋，花柄长6mm，无毛，有苞片4~5片；苞片卵形或半月形，长1~2mm，边缘有睫毛；花萼杯状，长3～5mm，萼片卵圆形至圆形，长2.5～3mm，先端尖，无毛或近先部背部有短柔毛，边沿有柔毛；花瓣背部有紫红色，瓣长2～2.5cm，5～7片，基部与雄蕊相连生约4～8mm，外侧2～3片较短小，革质，无毛，边缘有睫毛，内侧3～4片，无毛，或有微毛，先端圆或凹入；雄蕊长1.5～2cm，无毛，花丝管长为雄蕊的1/2或3/2；子房无毛，花柱长1.5～2cm，无毛，先端3裂，裂片长2～4mm。

果 有长6mm的果柄，有宿存萼片，蒴果圆球形，直径1.5cm，1室，种子1个，果壳薄革质。

引种信息

武汉植物园 引种信息不详。

物候

武汉植物园 4月上旬叶芽萌动，4月中旬展叶，4月下旬展叶盛期；2月上旬花蕾，3月上旬初花，3月上旬盛花，3月下旬落花；10月下旬果实成熟，11月上旬落果。

迁地栽培要点

适应性强，在阳光充足和半阴环境均能良好生长，对土壤要求不甚严格，在土层深厚的酸性土中生长较好。

主要用途

植株叶较小，枝条密集，株形好，开花量大，结实率高。在园林上可运用于灌木层，既可孤植，也可三五成群种植，亦可作为绿篱植物种植。

植株 果实 花枝 叶芽

26
东南山茶

别名：尖萼红山茶

Camellia edithae Hance, Ann. Sci. Nat. Paris ser. 4, 15: 221. 1861.

植株

自然分布

产于江西、福建、广东。

迁地栽培形态特征

灌木或小乔木，高2~7m。

茎 老枝灰褐色，略被长柔毛，嫩枝黄褐色，密被长柔毛。

叶 革质，卵状披针形，长5.5~12cm，宽2.3~5.5cm，先端渐尖或尾尖，基部圆形至心形，边缘具细锯齿，叶面沿中脉被柔毛，背面密被长柔毛，中脉和侧脉在叶面凹陷，在背面突起；叶柄长4~5mm，密被长柔毛。

花 1~2朵顶生兼腋生，红色；苞片和萼片共9~10，半圆形至阔卵形，长1.5~2.5cm，先端尖，外面密被长柔毛，里面被平伏柔毛，边缘具睫毛；花瓣5~6，倒卵圆形，长2.2~3.6cm，先端凹缺，基部与雄蕊合生；雄蕊长2～3cm，外轮花丝基部连生1.5～2cm，无毛；子房密被茸毛，花柱长2～3cm，先端3深裂。

果 蒴果球形，直径1～1.5cm，3爿裂开；种子褐色。

引种信息

杭州植物园 2014年从上海星源农场引入嫁接苗（登记号14C02003-014）。生长速度中等，长势良好。

物候

杭州植物园 2月中旬叶芽萌动，3月下旬展叶，4月中旬展叶盛期；10月上旬始见花蕾，2月下旬初花，3月上旬盛花，3月下旬落花；10月下旬果成熟，11月上旬落果。

迁地栽培要点

适应性强，抗寒、抗热性均较好，对光线要求不高，但适当的遮阴对其生长有利。耐瘠薄，喜弱酸性土壤。繁殖以扦插、嫁接为主。病虫害少见。

主要用途

本种抗性强、观赏性高，在华东地区作为园林绿化、家庭观赏植物已有悠久的历史，由该种培育的园艺品种‘黑牡丹’‘九曲’等已被广泛栽培应用。

嫩叶 花芽 果实 花侧面 花正面

27
长管连蕊茶

Camellia elongata (Rehd. et Wils.) Rehd., Rehder, J. Arnold. Arbor. 3: 224. 1922.

嫩枝

自然分布

产四川峨眉山等市；生于海拔500～1500m森林中，贵州省部分地区也有分布。

迁地栽培形态特征

灌木或小乔木，高达6m。

茎 树皮深灰色，嫩枝纤细，无毛。

叶 薄革质，长圆状披针形，长2～6cm，宽1～2cm，先端渐尖，尾状，基部楔形，叶缘上部具疏钝齿，或近全缘，两面无毛，侧脉6～7对，在上面隐约可见，在下面不明显。

花 顶生及腋生，白色或略带粉色，花梗长7～11mm，苞片4片，卵形，长1mm，有睫毛，2片位于花柄中部，2片与萼片贴近；花萼杯状，无毛，萼片三角形，有睫毛，花瓣5～7枚，长1.5～2cm，白色或略带粉色，基部与雄蕊相连达0.8～1mm，游离部分长圆形，先端圆，无毛；雄蕊多数，长

1.4～1.6cm，花丝管长1～1.2cm，无毛，内侧花丝多少与花丝管结合；子房无毛，花柱长1.7cm，先端3浅裂。

果 蒴果椭圆形，长1.5～2cm，宽1.2～1.5cm,先端尖，1室，3爿裂开，果皮薄，种子1颗。

引种信息

峨眉山生物站 1987年从四川峨眉山引种，引种号87-0474-01-EMS。

物候

峨眉山生物站 3月上旬叶芽萌动，3月下旬展叶，4月上旬展叶盛期；9月上旬见花蕾，10月中下旬初花，11月下旬盛花，12月中旬落花；翌年9月下旬果实成熟。

迁地栽培要点

喜温暖湿润，较耐湿、耐寒，长势良好。

主要用途

中国特有种，株形美观，叶色亮绿，花较密集，有较高的观赏价值。

植株　果枝　花枝　花侧面

28
显脉金花茶

Camellia euphlebia Merr. ex Sealy, Kew Bull. 219. 1949.

自然分布

分布于广西西南部的防城、东兴；生于海拔110～420m的溪边林下。

迁地栽培形态特征

常绿灌木或小乔木，高3～5m。

茎 树皮灰色，幼枝紫褐色，粗壮，无毛，1年生枝灰褐色。

叶 革质或薄革质，椭圆形或阔椭圆形，长14～20cm，宽5～8cm，先端急短尖，基部钝或近于圆，边缘具锯齿，表面深绿色，背面淡绿色，两面无毛，侧脉11～13对，在上面稍凹陷，下面显著突起，叶柄长1cm，粗壮，无毛。

花 1～2朵腋生或近顶生，花柄长5mm，苞片8片，半圆形至圆形，长2～5mm，萼片5，近圆形，长5～6mm；花瓣8～9片，黄色，倒卵形，长1.5～3cm，基部连生；雄蕊长1.5～2.5cm，外轮花丝基部合生，内轮花丝离生；子房卵球形，径约2.5mm，无毛，3室，花柱3，长1.5～2.5cm。

果 蒴果扁球形或扁三角状球形，直径3.5～6cm，高2.5～3.5cm；3室，每室种子1～3粒；种子半球形或球形，黑褐色，无毛或几无毛。

引种信息

桂林植物园 1984年从广西防城引种。长势良好。

昆明植物园 1978年从广西引种，登录号为：19780049。栽培于茶花园，长势良好。

物候

桂林植物园 10月中旬叶芽萌动，11月上旬开始展叶，11月下旬进入展叶盛期；7月中旬现蕾，12月中旬初花，翌年1月上旬盛花，2月上旬末花；11月上旬果实成熟。

迁地栽培要点

为喜暖热植物，具有一定的耐寒性，引种到中亚热带的桂林，能正常开花结果。喜阴耐阴，适宜生长于上层林冠覆盖度75%以上的林下。适于肥力中等以上，土壤疏松湿润而排水良好的酸性壤土上生长。可采用种子繁殖、扦插繁殖或高压繁殖。

主要用途

在《中国珍稀濒危保护植物名录》中列为二级保护植物。近年来，其资源受到较为严重的破坏。其叶片较大，又称大叶金花茶，具有一定的观赏价值。叶可制茶，已开发成各种茶类或保健品。

植株
花枝
花侧面
叶正面
果枝

29
柃叶连蕊茶

Camellia euryoides Lindl., Bot. Reg. t. 983. 1826.

植株
花侧面
花正面

自然分布

产于福建、江西、广东。

迁地栽培形态特征

灌木或小乔木，高可达6m。

茎 老枝灰褐色，嫩枝初时绿色后变灰色，被长柔毛。

叶 革质，椭圆形至卵状椭圆形，长3.2～5cm，宽0.9～2.2cm，先端急尖至渐尖，基部楔形至近圆形，边缘具小锯齿，叶面沿中脉被短毛，背面被疏长柔毛，侧脉两面不明显或隐约可见；叶柄长2～3mm，密被柔毛。

花 顶生兼腋生，白色，略具芳香；花柄长7～10mm，无毛；苞片4～5，外面被柔毛；萼片5，外面略被柔毛或无毛，边缘具睫毛；花瓣5～6，倒卵形，长1.5～2.2cm，先端凹缺或圆，基部与雄蕊略合生；雄蕊长1.4～2cm，外轮花丝基部连生约8mm，无毛；子房无毛，花柱长1.5～2cm，先端3浅裂，无毛。

果 蒴果球形，直径7～10mm，无毛。

引种信息

杭州植物园 2014年从上海星源农场引入嫁接苗（登记号14C02003-010）。生长速度快，长势良好。

物候

杭州植物园 2月下旬叶芽萌动，3月中旬展叶，4月上旬展叶盛期；11月上旬见花蕾，翌年1月上旬初花，2月上旬盛花，3月中旬落花；11月中旬果成熟，12月下旬落果。

迁地栽培要点

适应性好，耐寒性强，小苗不耐日晒，夏季需遮阴并勤浇水。生长速度快，对土壤要求不高，耐瘠薄，喜排水性良好的弱酸性土壤。繁殖以播种、扦插为主。病虫害少见，主要有枯梢病。

主要用途

本种枝条略下垂、花朵稠密，除了在园林绿化上有很好的前景外，还是一种培育密花茶花品种的理想亲本。

枝条

果枝

30
防城茶

Camellia fangchengensis S. Ye Liang et Y. C. Zhong, Acta Sci. Nat. Univ. Sunyatseni 20 (3): 118. 1981.

植株
树干
果枝
叶正面

自然分布

分布于广西防城；生于海拔260～320m的山坡或沟边常绿阔叶林中。

迁地栽培形态特征

常绿灌木或小乔木，高3～5m。

茎 幼枝粗壮，圆柱形，黑褐色，密被黄色柔毛，1年生枝灰褐色，无毛。

叶 薄革质，椭圆形，长13～29cm，宽5.5～12.5cm，先端短急尖或钝，基部阔楔形或略圆，上面深绿色，下面浅绿色，密被柔毛；侧脉11～17对，在上下两面均突起，边缘有细锯齿。叶柄长3～10mm，被柔毛。

花 1～2朵腋生，白色，花径2～3mm，花梗长5～10mm，下弯，被黄色柔毛；小苞片2，早落；萼片5，卵圆形，长3～4mm，外面被黄色绢毛，里面无毛，边缘具睫毛，宿存；花瓣5～7，近圆形，长1～1.5cm，先端圆形，基部略连生，外方2～3枚外面多少被微柔毛；雄蕊长约1cm，外轮花丝基部合生，无毛；子房卵球形，密被黄色茸毛，3室，花柱长约8mm，无毛，先端3浅裂。

果 蒴果扁三角形，高1.5～2cm，径2～3cm，3室，每室有种子1粒，果皮薄；种子近球形，径约1～1.5cm，黄褐色。

引种信息

桂林植物园 1986年从广西防城引种，长势良好。

物候

桂林植物园 6月上旬叶芽萌动，6月下旬开始展叶，7月上旬进入展叶盛期；8月上旬见现蕾，10月下旬初花，11月下旬盛花，翌年1月下旬末花；11月上旬果实成熟。

迁地栽培要点

为喜暖热植物，具有一定的耐寒性，引种到中亚热带气候的桂林能正常开花结实。稍耐阴，喜土壤肥力中等的酸性土壤。可采用种子繁殖和扦插繁殖。

主要用途

作为一种野生茶树资源，适合制成红茶饮用；亦具有一定的观赏价值，可做庭院绿化之用。

花枝

31
淡黄金花茶

Camellia flavida Hung T. Chang, Tax. Gen. Camellia 103. 1981.

自然分布

产广西龙州、武鸣；生于石灰岩钙质土杂木林中，海拔120～250m。

迁地栽培形态特征

常绿灌木，高2～3m。

茎 灰黄色，幼枝紫红色，无毛，1年生枝灰褐色。

叶 革质，椭圆形或长椭圆形，长8～10.5cm，宽3～4.5cm，先端渐尖或短急尖，基部阔楔形，两面无毛；侧脉6～7对，在上面略下陷，下面隆起，边缘具细锯齿；叶柄长6～8mm，无毛。

花 多顶生，径2.5～3.5cm，花梗长5～7mm，苞片4～5片，半圆形，长1.5～2.5mm，无毛；萼片5片，近圆形，长6～8mm，外面无毛，内面被白色短柔毛。花瓣8～10片，倒卵圆形，黄色，长约

1.5cm，无毛；雄蕊多数，外轮与花瓣稍合生，内轮离生，无毛。子房无毛，花柱3条，完全分离。

果 蒴果球形，直径约2cm，有宿存苞片和萼片，果壳2瓣开裂，厚1～1.5mm；种子圆球形，直径约1.3cm，褐色。

引种信息

桂林植物园 2015年从广西武鸣引种。长势良好。

物候

桂林植物园 8月上旬叶芽萌动，8月下旬开始展叶，9月中旬进入展叶盛期，12月至翌年1月还能进行二次抽梢；盛花期为6～7月，其他月份陆续有少量花朵开放，几乎全年开花不断；果实陆续成熟。

迁地栽培要点

喜温暖湿润的环境条件，忌阳光直射，稍耐低温，引种到桂林后能正常开花结果。可采用种子繁殖、扦插繁殖、高压繁殖等。在中等肥力的酸性土上生长良好。

主要用途

在《中国生物多样性红色名录——高等植物卷》中列为濒危（EN）。花色淡黄，中等大小，可作园林观赏之用；花期较长，亦作为培育四季茶花的优良育种材料。

32
多变淡黄金花茶

Camellia flavida Hung T. Chang var. ***patens*** (S. L. Mo et Y. C. Zhon) T. L. Ming, Acta Bot. Yunnan. 21: 152. 1999.

花枝和叶背面

花枝和叶正面

自然分布

产广西扶绥、武鸣；生于石灰岩钙质土杂木林中，海拔150～250m。

迁地栽培形态特征

常绿灌木，高3～4m。

茎 树皮灰褐色至黄褐色；嫩枝圆柱形，红褐色，老枝黄褐色，无毛。

叶 嫩叶淡紫红色，老叶革质，椭圆形、长椭圆形或阔椭圆形，长8～13.5cm，宽4～5cm，先端尾状渐尖或急尖，基部阔楔形，上面深绿色，有光泽，下面浅绿色，两面均无毛；侧脉6～9对，在上面下陷，下面突起，网脉在上面不明显，边缘具细锯齿；叶柄长5～12mm，无毛。

花 单生，呈顶生或腋生，花径3.5～5cm，黄色或淡黄色，无蜡质，花梗短或近无梗，花蕾卵形；苞片与萼片均为绿色，外面上部略被短柔毛或近无毛，内面密被灰色短柔毛；苞片小，半圆形，4～5片，长2～3mm；萼片5片，近圆形，长3～6mm；花瓣11～17片，外轮花瓣较短，近圆形，长1.3～1.5cm，内轮花瓣较长，椭圆形或倒卵状椭圆形，长2～2.5cm；雄蕊多数，成4～5轮排列，花丝无毛，外轮花丝基部稍连生，内轮花丝离生，长1.5～1.7cm；子房近球形，直径约2～3mm，无毛，通常3室，稀4室，花柱通常3条，稀4条，完全分离，长约1.5～2cm，无毛。

果 蒴果扁球形，直径3～4cm，通常3室，稀4室或5室，每室有种子1～3粒，种子半球形或球形，径1～1.5cm，褐色。

引种信息

桂林植物园 1987年从广西扶绥引种。长势良好。

物候

桂林植物园 3月上旬叶芽萌动，3月中旬开始展叶，3月下旬进入展叶盛期；7月上旬见现蕾，翌年2月下旬初花，3月中旬盛花；10月下旬果实成熟。

迁地栽培要点

喜温暖湿润的环境条件，忌阳光直射，稍耐低温，引种到桂林后能正常开花结果。可采用种子繁殖、扦插繁殖和高压繁殖。在肥力中等的酸性土上长势良好。

主要用途

在《中国生物多样性红色名录——高等植物卷》中列为近危（NT），但近年破坏亦十分严重。本种子房室数多变，通常3室，少有2室或4室，稀5室。花瓣数量亦变化较大，为11~17片，最多可达19片。具有较高的观赏价值。

植株 树干 嫩叶 果枝

33
大花窄叶油茶

Camellia fluviatilis Handel-Mazzetti var. ***megalantha*** (Hung T. Chang) T. L. Ming, Acta Bot. Yunnan. 21: 157. 1999.

果实

自然分布

产于广西、云南。

迁地栽培形态特征

灌木，高1.5~3.5m。

茎 树皮灰色，小枝灰棕色，嫩枝红褐色，被微柔毛，后脱落。

叶 革质，狭披针形，长7~11cm，宽2~2.8cm，先端长渐尖，基部楔形，边缘具锯齿，两面无毛，中脉两面突起，侧脉在叶面凹陷，背面不明显；叶柄长3~4mm，被微柔毛。

花 顶生兼腋生，白色；苞片和萼片共8~9，半圆形或卵形，长1.5~6mm，外面被柔毛，里面无毛，边缘具睫毛；花瓣5~6，长圆状椭圆形至倒披针形，长2~3.5cm，先端凹缺，基部近离生；雄蕊1~2.3cm，外轮花丝基部略连生，无毛；子房球形，被茸毛，花柱3，长约1.5cm，无毛。

果 蒴果卵球形，直径1~1.5cm，3室，3爿裂；通常有种子1~2粒，褐色。

引种信息

杭州植物园 1988年从江西引入小苗。生长速度快，长势良好。

物候

杭州植物园 2月中旬叶芽萌动，3月上旬展叶，3月中旬展叶盛期；7月中旬见花蕾，11月上旬初花，

11月下旬盛花，翌年1月下旬落花；11月中旬果成熟，11月下旬落果。

迁地栽培要点

适应性强，对光线要求不高，但适当的遮阴对其生长有利。喜土层深厚、排水透气性良好的弱酸性土壤。繁殖以播种、扦插为主。病虫害少见。

主要用途

本种花朵稠密、叶形优美，观赏性高，且抗性强，易栽培，是一种极具潜力的园林绿化树种。此外，本种结实率高、种子含油量高，又是一种优良的食用油料树种。

植株　花　嫩芽　果实

34
蒙自连蕊茶

Camellia forrestii (Diels) Cohen-Stuart, Meded. Proefstat. Thee 11: 68. 1916.

植株

自然分布

除滇东北和滇西北外，云南各地区均有分布；生于海拔1700～2500（～3200）m的常绿阔叶林。

迁地栽培形态特征

灌木，高1～4m。

茎 幼枝密被短硬毛，多少宿存。

叶 薄革质，椭圆形、椭圆状卵形或长卵形，长2～4.5（～7）cm，宽1～2（～2.5）cm，先端钝或钝急尖，基部圆形至阔楔形，边缘具细锯齿，叶面深绿色，有光泽，沿中脉被微硬毛，背面淡绿色，幼时疏生柔毛，后变无毛或近无毛，中脉两面突起；叶柄长2～4mm，密被短硬毛。

花 单生或成对生于小枝上部叶腋；小苞片3～4，革质，卵圆形，边缘具睫毛，宿存；花萼浅杯状，萼片半圆形、宽卵形或近圆形，具宽膜质边缘，外面无毛，里面被平伏柔毛，边缘具睫毛，宿存；花冠基部多少连合，花瓣阔倒卵形，先端微凹；雄蕊无毛，外轮花丝合生成2～3.5mm长的短管；雌蕊无毛，子房球形，花柱先端3深裂。

果 蒴果卵球形，果皮薄，厚约1mm；种子淡褐色。

引种信息

昆明植物园 1986年引种于云南开远。长势良好，栽植于山茶专类园。

物候

昆明植物园 12月下旬叶芽萌动，翌年2月上旬开始展叶，2月下旬进入展叶盛期；1月上旬始花，2月下旬盛花，7月上旬末花；7月下旬结果中期，8月下旬结果中期，9月中旬结果末期。

迁地栽培要点

适应性强，在阳光充足和半阴环境均能良好生长，对土壤要求不甚严格，在土层深厚的酸性土中生长较好。由于在苗圃中尚属鲜见，通常用种子繁殖。秋天果实成熟后，立即播种或者先用湿沙藏，待翌年春天再播种。成苗率高，管理可较粗放。

主要用途

植株叶较小，枝条密集，株型好，开花量大，结实率高。在园林上可运用于灌木层，既可孤植，也可三五成群种植，亦可作为绿篱植物种植。

果枝 花枝 果枝 花枝

35
毛柄连蕊茶

Camellia fraterna Hance, Ann. Sci. Nat. Paris 18: 219. 1862.

枝条

自然分布

产浙江、江西、江苏、安徽、福建。

迁地栽培形态特征

灌木或小乔木。

茎 树皮灰色，嫩枝密生柔毛或长丝毛。

叶 薄革质，椭圆形，长4~8cm，宽1.5~3.5cm，先端渐尖而有钝尖头，基部楔形至宽楔形，叶背面初展开时有长毛，之后褪去而变得光滑，仅在中脉上有毛；侧脉5~6对，在上下两面均不明显，边缘有相隔1.5~2.5mm的钝锯齿，叶柄长3~5mm，有柔毛。

花 单生于枝顶，白色。有香味。花柄长3～4mm，苞片4～5片，阔卵形，长1～2.5mm，被毛；花萼杯状，长4～5mm，萼片5片，卵形，有褐色长丝毛；花冠白色，长2～2.5cm，基部与雄蕊连生达5mm，花瓣5～6片，外侧2片革质，有丝毛，内侧3～4片阔倒卵形，先端稍凹入，背面有柔毛或稍秃净；雄蕊长1.5～2cm，无毛，花丝管长为雄蕊的2/3；子房无毛，花柱长1.4～1.8cm，先端3浅裂，裂片长1～2mm。

果 蒴果球形，直径1.5cm，1室，种子1个，果壳薄革质。

引种信息

武汉植物园 引种信息不详。

物候

武汉植物园 3月上旬叶芽萌动，3月中旬展叶，4月上旬展叶盛期；12月上旬见花蕾，12月下旬初花，1月中旬盛花，2月下旬落花；10月中旬果实成熟，11月上旬落果。

迁地栽培要点

自播性强。

主要用途

花朵繁茂，花期长，可作观赏植物。

枝条及叶背　果实　花

36
长瓣短柱茶

Camellia grijsii Hance, Journ. Bot. 17: 9. 1879.

植株

自然分布

主要产福建、重庆巫溪、江西黎川、湖北及广西北部。

迁地栽培形态特征

灌木或小乔木。

茎 树皮土黄色，老枝灰色，幼枝绿色，光滑无毛。

叶 革质，长圆形，长6~9cm，宽2.5~3.7cm，先端渐尖或尾状渐尖，基部阔楔形或略圆，叶背有明显腺点。叶片沿中脉上折，侧脉6~7对，在叶正面呈凹下状，在叶背面现凸起状。叶边缘有尖锐锯齿，叶柄长5~8mm。

花 顶生，白色，直径4~5cm，花梗极短；苞被片9~10片，半圆形近圆形，最外侧的长2~3mm，最内侧的长8mm，革质，无毛，花开后脱落；花瓣5~6片，倒卵形，长2~2.5cm，宽

1.2～2cm，先端凹入，基部与雄蕊连生约2～5mm；雄蕊长7～8mm，基部连合或部分离生，无毛，花药基部着生；子房有黄色长粗毛；花柱长3～4mm，无毛，先端3浅裂。

果 蒴果球形，直径2～2.5cm，1～3室，果皮厚1mm。

引种信息

武汉植物园 引种信息不详。

昆明植物园 引种信息不详。

桂林植物园 1989年从湖南新宁引种。长势良好。

物候

武汉植物园 3月下旬叶芽萌动，4月上旬展叶，4月中旬展叶盛期；5月中旬见花蕾，翌年3月上旬初花，3月上中旬盛花，3月中旬落花。

昆明植物园 3月上旬叶芽开始萌动，3月下旬开始展叶，4月中旬进入展叶盛期；10月下旬始花，12月上旬盛花，翌年1月中旬末花；2月下旬结果初期，7月上旬果熟。

桂林植物园 3月上旬叶芽萌动，3月中旬开始展叶，3月下旬进入展叶盛期；7月下旬现蕾，翌年1月上旬初花，1月下旬盛花，2月下旬末花；10月下旬果实成熟。

迁地栽培要点

大树抗性较强，适应性强，幼树抗旱性稍差，干旱期需适当补水。

主要用途

其花芳香，花瓣可食，是山茶属植物中为数不多的芳香种类。株形茂密，是做高档绿篱花篱的好材料，一年仅需修剪一次，管理成本低。在园林上也可与其他灌木搭配，成为灌木层的主体植物。

植株

枝条

花枝

叶芽

37

岳麓连蕊茶

Camellia handelii Sealy, Kew Bull. 219. 1949.

花枝　花

自然分布

产于湖南、贵州、江西。

迁地栽培形态特征

灌木，高1.5~3m。

茎 老枝灰褐色，小枝、嫩枝被长柔毛。

叶 薄革质，长卵形或椭圆形，长2~4cm，宽1~1.5cm，先端渐尖而有钝的尖头，基部楔形，叶面深绿色，沿中脉有短毛，下面浅绿色，中脉有长毛；边缘有尖锯齿，叶柄长2~4mm，有短粗毛。

花 顶生及腋生，芳香，花柄长2~4mm；苞片5片，有灰长毛；萼片5片，密生灰毛；花冠白色，长1.5~2cm，花瓣5~6片，基部与雄蕊相连约4mm，近先端有毛；雄蕊长11~13mm，花丝管为雄蕊的1/3~1/2；子房无毛，花柱长1.2cm，先端3裂，裂片长3mm。

果 栽培植株蒴果未见。文献记录果实有宿存苞片及萼片，果柄长4~5mm；蒴果圆球形，宽1.2cm，长1.1cm，2~3爿裂开，果皮厚0.5mm。

引种信息

杭州植物园 2008年从浙江湖州安吉引入实生苗（登记号08C11002-016）。生长速度快，长势优。

物候

杭州植物园 2月下旬叶芽萌动，3月中旬展叶，4月上旬展叶盛期；10月下旬见花蕾，翌年2月上旬初花，3月上旬盛花，4月上旬落花。

迁地栽培要点

适应性好，抗热性强，对上部对遮阴要求不是很高。生长速度快，勤施肥对其生长有利。繁殖以扦插为主。病虫害少见。

主要用途

本种株形紧凑、树形美观、开花量大，是一种极具潜力的园林绿化树种，无论丛植、孤植或做绿篱均适宜。此外，本种花具芳香，是香花茶花品种育种的优良亲本。

38
贵州金花茶

Camellia huana T. L. Ming et W. T. Zhang, Acta Bot. Yunnan. 15: 12. 1993.

植株　花枝

自然分布

产贵州及广西部分地区。

迁地栽培形态特征

灌木或小乔木，高2～6m。

茎 树皮灰白色，平滑，当年生枝细，紫红色，圆柱形，无毛。

叶 膜质，椭圆形，长8.5～12cm，宽3.5～5.5cm，先端钝或骤尖，基部楔形，边缘具稀疏锯齿，上面绿色，背面淡绿色具疏散腺点，叶脉凸起，侧脉在叶缘弯曲形成拱形，叶柄长7～10mm。

花 1～2朵顶生，淡黄或白色，花梗长6～10mm，萼片5枚，革质，卵形，长5mm左右，内面密被白色绢毛，边缘具睫毛；花瓣7～9枚，膜质，倒卵状椭圆形，长1～2cm，宽1～1.5cm，基部微合生；雄蕊多数4列，长1.5cm，外面四分之一处合生；子房近球形，3室，花柱3，偶5枚，离生，长约14mm，无毛。

果 蒴果球形，直径3～5cm，无毛，果爿厚0.5～1.1mm，种子密被黄褐色长茸毛或丝毛。

引种信息

昆明植物园 2012年从贵州省林业科学研究院引种。

峨眉山生物站 2007年3月8日从贵州省林业科学研究院引种，引种号07-0293-GZ。

桂林植物园 2014年从广西天峨引种。长势良好。

物候

昆明植物园 2月下旬叶芽萌动，3月下旬开始展叶，4月中旬进入展叶盛期；8月上旬花芽萌动，10月下旬始花，12月中旬盛花，翌年1月下旬末花；6月上旬结果初期，7月上旬结果中期，9月中旬果实成熟。

峨眉山生物站 3月上旬叶芽萌动，3月中下旬展叶，4月中上旬展叶盛期；10月上旬见花蕾，2月上旬初花，3月下旬至4月上旬盛花，4月下旬落花；未见果实。

桂林植物园 3月上旬叶芽萌动，3月中旬开始展叶，3月下旬进入展叶盛期；7月上旬见花蕾，翌年3月上旬初花，3月中旬盛花，4月上旬末花；10月下旬果实成熟。

迁地栽培要点

喜温暖湿润气候，喜排水良好的酸性土壤，喜阴、喜肥、耐瘠薄、耐涝性强。

主要用途

野生资源濒临灭绝，观赏绿化植物，叶除可制茶外也可药用，可用于提神醒脑、清肝火、解热毒。

花枝

花侧面

嫩枝

39
湖北瘤果茶

Camellia hupehensis Hung T. Chang, Acta Sci. Nat. Univ. Sunyatseni 30 (4): 90. 1991.

植株

自然分布

主要产湖北西部。

迁地栽培形态特征

灌木。

茎 树皮灰色，嫩枝被柔毛，芽体被微毛。

叶 革质，卵状披针形或长卵形，长5~6.5cm，宽1.7~2.5cm，先端尾状渐尖，基部圆形或钝，上面干后深绿色，稍发亮，下面浅绿色，无毛；侧脉6~7对，干后在上下两面均突出，网脉不明显，边缘有细锯齿，叶柄长3~5mm。

花 白色，顶生，无柄；苞片5，阔短倒卵形，长5～10mm，干膜质，被灰白色茸毛，先端圆，萼片5～6片，形如苞片，长1～1.5cm，被柔毛，先端圆形；花瓣7片，阔倒卵形，长4cm，宽1.5～2cm，最外1～2片外侧中部有灰白色丝毛，基部连生约1cm；雄蕊长2～2.3cm，下半部与花冠连生，游离部分离生；子房无毛，3室；花柱3条，离生，长2cm，极纤细，无毛。蒴果球形，宽1.5～2cm。

果 果皮厚2mm，有瘤状凸起，种子无毛。

引种信息

武汉植物园 引种信息不详。

物候

武汉植物园 1月中旬叶芽萌动，4月中旬展叶，4月下旬展叶盛期；10月中旬见花蕾，11月上旬初花，11月中旬盛花，12月上旬落花；10月上旬果实成熟，11月上旬落果。

迁地栽培要点

无。

主要用途

花果具观赏性。

花正面　芽　幼果　果实

40
凹脉金花茶

Camellia impressinervis Hung T. Chang et S. Ye Liang, Acta Sci. Nat. Univ. Sunyatseni, 18 (3): 72. 1979.

植株

自然分布

产广西龙州和大新；生于石灰岩石山地区的常绿阔叶林中。

迁地栽培形态特征

灌木，高1~3cm。

茎 嫩枝有短粗毛，老枝变秃。

叶 革质，椭圆形，长12~22cm，宽5.5~8.5cm，先端急尖，基部阔楔形或窄而圆，上面深绿色，干后橄榄绿色，有光泽，下面黄褐色，被柔毛，至少在中脉及侧脉上有毛，有黑腺点，边缘有细锯齿，叶柄上面有沟，无毛，下面有毛。

花 1~2朵腋生，浅黄色，花柄粗大，无毛；苞片5片，新月形，散生于花柄上，无毛，宿存；

萼片5，半圆形至圆形，无毛，宿存，花瓣12片，无毛。雄蕊近离生，花丝无毛；子房无毛，花柱2~3条，无毛。

果 蒴果扁圆形，2~3室，室间凹入成沟状2~3条，三角扁球形或哑铃形，每室有种子1~2粒，有宿存苞片及萼片；种子球形。

引种信息

昆明植物园 1978年从广西引种，登录号19780001。栽培于百草园和山茶园，生长速度中等，长势较好。

桂林植物园 1988年从广西龙州引种。长势良好。

物候

昆明植物园 2月中旬开始叶芽萌动，3月下旬开始展叶，4月下旬进入展叶盛期；1月上旬始花，2月下旬盛花，3月中旬末花；7月上旬开始结果，10月下旬果熟，10月上旬进入休眠期。

桂林植物园 2月下旬叶芽萌动，3月中旬开始展叶，3月下旬进入展叶盛期；7月中旬见花蕾，翌年3月上旬初花，3月中旬盛花，4月上旬末花；10月下旬果实成熟。

迁地栽培要点

喜温暖湿润半阴环境，在金花茶类植物中耐寒性较好，适应性也较强。喜排水良好的酸性土壤，在石灰岩碱性土壤中也可生长。苗期喜荫蔽，进入花期后，颇喜透射阳光。对土壤要求不严，微酸性至中性土壤中均可生长。耐瘠薄，也喜肥。耐涝力强。

主要用途

叶形美丽，常绿，株形好，开浅黄色花，适合在园林林下灌木层生长，是园林绿化的珍贵材料。其种子含油，可食用和制作护肤护发品，花瓣可做茶饮。

花侧面 幼果 花正面 叶正面 叶背面

41
柠檬金花茶

Camellia indochinensis Merrill, J. Arnold Arbor. 20: 347. 1939.

植株

自然分布

产于广西龙州、宁明、崇左、大新、扶绥等地；生于石灰岩钙质土常绿阔叶林中，海拔120~300m。

迁地栽培形态特征

常绿灌木，高1~3m。

茎 树皮灰黄色，小枝纤细，稍弯垂，皮红褐色至灰褐色，无毛。

叶 薄革质，椭圆形或长圆形，偶为倒卵形，长4~8cm，宽2~4cm，先端尾状渐尖，基部阔楔形，上面深绿色，下面无毛，有褐色腺点，侧脉5~8对，上面下陷，边缘有细锯齿，叶柄长5~8mm。

花 单生于叶腋，淡黄色或近白色，直径1.5~2.5cm，花柄长3~5mm；苞片4~5片，细小，半圆形，萼片5，近圆形，长2~3mm；花瓣8~10片，外轮较小，近圆形，直径5~6mm，内轮椭圆形至卵圆形，长10~16mm，近平展，无毛；雄蕊长8~10mm，花丝基部稍合生；子房近球形，直径约

1.5mm，无毛；花柱3条，完全分离，长10~15mm，无毛。

果 蒴果三角状扁球形或扁球形，直径1.5~2cm，高1~1.5cm，果皮薄，厚约1mm；种子1~3粒，表面无毛。

引种信息

昆明植物园 2010年引自广西龙州。

桂林植物园 1988年从广西宁明引种。长势良好。

物候

昆明植物园 10月下旬叶芽萌动，11月中旬开始展叶，翌年2月中旬进入展叶盛期；9月盛花期；果未见。

桂林植物园 10月上旬叶芽萌动，10月下旬开始展叶，11月中旬进入展叶盛期；7月上旬见花蕾，11月下旬初花，12月中旬盛花，翌年1月下旬末花；11月中旬果实成熟。

迁地栽培要点

与其他种类金花茶相比，稍耐强光，适应性较强，引种到桂林后能正常开花结果。可采用种子繁殖、扦插繁殖和高压繁殖。在肥力中等的酸性土上长势良好。

温室内，湿度较大，阳光充足，土壤疏松。

主要用途

在《中国生物多样性红色名录——高等植物卷》中列为易危（VU）。该种虽花朵较小，但枝繁叶茂，叶色油亮，仍具有较高的观赏价值。

42
东兴金花茶

Camellia indochinensis Merrill var. ***tunghinensis*** (Hung T. Chang) T. L. Ming et W. J. Zhang, Acta Bot. Yunnan. 15: 14. 1993.

花枝

自然分布

目前仅见于防城金花茶国家级自然保护区上岳核心区西侧不足50hm^{2}的非钙质山地常绿阔叶林内，垂直分布在150～350m范围内。

迁地栽培形态特征

常绿灌木，高2～4m。

茎 树皮灰色，嫩枝圆柱形，纤细，无毛。

叶 嫩叶淡绿色或紫红色，老叶薄革质，椭圆形，长5～8cm，宽3～4cm，先端急尖，基部阔楔形，上面淡绿色，下面浅绿色，无毛；侧脉4～6对；边缘上部有钝锯齿；叶柄绿色，长8～15mm，无毛。

花 单生或2～3朵簇生，黄色，腋生或顶生，花径2.5～3.5cm；花梗长9～13mm，苞片6～7片，细小，萼片5片，近圆形，长4～5mm，无毛；花瓣7～9片，长1.5～2.5cm；雄蕊多数，花丝长1.5～1.8cm，外轮花丝基部连生，内轮花丝离生；子房无毛，3～4室，花柱3～4条，长2～2.5cm，完全分离，无毛。

果 蒴果扁球形或扁三角状球形，直径2～4cm，果皮薄，厚约1.5～2mm，3～4室，每室种子1～3粒；种子半球形或球形，褐色，无毛。

引种信息

桂林植物园 1984年从广西防城引种。长势良好。

昆明植物园 1979年从广西引种，登录号19790028。栽培于茶花园，长势良好。

物候

桂林植物园 3月上旬叶芽萌动，3月中旬开始展叶，4月上旬进入展叶盛期；7月中旬见花蕾，翌年3月中旬初花，4月上旬盛花，4月下旬末花；12月果实成熟。

昆明植物园 2月上旬开始叶芽萌动，3月上旬开始展叶，4月下旬进入展叶盛期；2月下旬始花，3月中旬盛花，5月上旬末花；9月下旬进入休眠期。

迁地栽培要点

为喜暖热好湿润阴性植物，引种到桂林能正常开花结果。抗寒性较强，在连续3日出现-1～-3℃的低温情况下，幼苗仍无明显冻害。不能忍耐强光照射，长时间经阳光直射，植株生长不良。对土壤适应性较广，但以肥沃之地生长较好。主要病害有叶尖枯病、藻斑病、炭疽病等，发生于5~6月高温湿热季节。

主要用途

在《中国生物多样性红色名录——高等植物卷》中列为濒危（EN）。该种枝条浓密、花繁叶茂、树型优美，具有较高的观赏价值。

43
山茶

Camellia japonica L., Sp. Pl. 2: 698. 1753.

枝条

自然分布

四川、台湾、山东、江西、浙江等地有野生种。日本本州及以南、韩国济州岛等地有自然分布。世界各地广泛栽培。品种繁多。

迁地栽培形态特征

灌木或小乔木，高4～12m。

茎 树皮灰色，幼枝淡灰褐色，无毛。

叶 革质，椭圆形，长5～10cm，宽2.5～6cm，先端略尖或渐尖或急短尖，基部阔楔形，边缘具细锯齿，叶面深绿色，有光泽，无毛，叶背淡绿色，无毛，侧脉7～8对，叶两面均可见。

花 腋生或仅顶生，白色、粉红或红色，无花梗，小苞片和花萼片约10枚，半圆形至圆形，外被绢毛；花瓣6～7枚（栽培品种多为重瓣），倒卵形，长3～5cm，宽3～5cm，无毛；雄蕊多数，外轮花丝基部合生，内轮花丝离生；子房无毛，花柱长2.5cm，先端3裂。

果 蒴果球形，径2.5～3cm，2～3室，每室1～2颗种子，种子半球形或球形，褐色。

引种信息

南京中山植物园 2001年从花卉市场购买山茶品种种苗，种苗来源不详。

物候

南京中山植物园 3月上旬叶芽萌动，3月下旬展叶，4月中下旬展叶盛期；10月中下旬见花蕾，12月中下旬初花，翌年1月下旬盛花，3月中旬落花；未观察到结果。

迁地栽培要点

喜气候温暖、湿润和半阴环境，忌阳光直射暴晒，较耐寒，宜种植于土层深厚且肥沃的弱酸性土壤中。可播种、扦插及压条繁殖，以扦插繁殖为主。病虫害少见。

主要用途

主要作观赏植物栽培，品种繁多，花色花型各异。具药用价值，有收敛、止血、凉血、散瘀、消肿等疗效。也具食用和油用价值。

品种　花正面

44
贵州红山茶

Camellia kweichouensis Hung T. Chang, Tax. Gen. Camellia 61. 1981.

自然分布

产贵州。

迁地栽培形态特征

小乔木，高5m。

茎 树皮灰色，老枝灰白色，嫩枝无毛。

叶 革质，长圆形，长6~10.5cm，宽3~4cm，先端略尖或渐尖，基部阔楔形或近圆形，发亮，无毛，侧脉6~7对，边缘有细锯齿，叶柄长8~12mm。

花 红色，无柄，直径10cm；苞片及萼片9~10片，革质，半圆形至阔卵形，长5~17mm，外面有灰黄色茸毛；花瓣9片，倒卵形，外3片长3~3.5cm，内6片长5~6cm，先端圆，背面有微毛，基部连生1~1.5cm；雄蕊长2~2.5cm，花丝管长5mm，无毛；子房5室，被茸毛；花柱长2cm，无毛，先端5裂。

果 蒴果扁球形（未成熟），宽3cm，高1.8cm，有5条浅沟，5室，每室有种子1~2个。

引种信息

武汉植物园 引种信息不详。

物候

武汉植物园 3月中旬叶芽萌动，4月上旬展叶，5月中旬展叶盛期；4月上旬见花蕾，6月上旬初花，6月中旬盛花，7月上旬落花；果期不详。

迁地栽培要点

无。

主要用途

观赏。

芽

叶正面

花正面

45
离蕊金花茶

Camellia liberofilamenta Hung T. Chang et C. H. Yang, Guihaia 17 (4): 290. 1997.

植株

自然分布

产贵州册亨海拔500～660m处。

迁地栽培形态特征

灌木，高2～3m。

茎 树皮深灰色，幼枝淡棕色，被柔毛或变无毛。

叶 薄革质，椭圆形，长6～13cm，宽3.5～5.5cm，先端急短尖，基部阔楔形，边缘具细锯齿，叶缘微向背面翻转，叶面绿色，有光泽，背面黄绿色，密被腺点，无毛，侧脉和网脉稍突起。

花 腋生或顶生，黄色，直径4～4.5cm，花柄长6～7mm，无毛，苞片4～5，卵形，无毛，萼片5枚，卵形，先端圆，无毛；花瓣7～8枚，卵圆形，长1.5～2.1cm，宽1.2～1.5cm，先端圆，基部连生

3～4cm；雄蕊多数，基部与花瓣贴生约4～5mm，其余部分离生；子房下部无毛，顶端被白色茸毛，花柱长1.8cm，先端3裂。

果 蒴果扁球形，径3～6.8cm，3室，每室1～2颗种子，种子近球形，径1～1.5cm，褐色，有长丝毛。

引种信息

峨眉山植物园 2007年3月8日从贵州省林科学研究院引种，引种号07-0294-GZ。

昆明植物园 引种信息不详。

物候

峨眉山植物园 3月上旬叶芽萌动，3月下旬展叶，4月展叶盛期；9月下旬见花蕾，10月上旬初花，11月至12月下旬盛花，翌年1月下旬落花；9月中旬果实成熟。

昆明植物园 12月上旬叶芽萌动，翌年2月下旬开始展叶，3月中旬进入展叶盛期；9月下旬花芽萌动，翌年1月中旬始花，2月上旬盛花，3月中旬末花；果未见。

迁地栽培要点

喜温暖湿润环境，耐寒冷，长势良好，主要病虫害为根粉蚧。

主要用途

珍稀濒危物种，花鲜丽俏艳，观赏价值高；叶作茶饮，亦可药用，有清热解毒，利尿消肿之功效。

植株 花 花背面 果枝

46
弄岗金花茶

Camellia longgangensis C. F. Liang et S. L. Mo, Guihaia 2 (2): 61. 1982.

植株

自然分布

产四川、云南、贵州、湖南，缅甸北部也有分布；生于海拔1200～2600m的常绿阔叶林。

迁地栽培形态特征

灌木，1～3m。

茎 幼枝无毛。

叶 纸质或薄革质，椭圆形或倒卵状椭圆形，亦有长卵形，长11～14cm，宽4～7cm，先端急尖或渐尖，基部圆形或钝，上面干后灰褐色，下面无毛，侧脉7～9对，在上面明显，在下面突起，边缘有细锯齿。

花 单生于叶腋，黄色，苞片半圆形，细小，4～5片，宿存；萼片5，近圆形，长外侧秃净；花瓣7～9片，稀更多，倒卵形，外侧有短柔毛；雄蕊外轮花丝基部略连生；子房无毛，花柱3条，离生。

果 蒴果扁三角球形，每室有种子1～2个；种子被褐色柔毛。

引种信息

昆明植物园 2005年引种于广西，登录号20050113。栽培于山茶园的金花茶保育温室，生长中等，长势较好。

物候

昆明植物园 2月下旬叶芽开始萌动，3月下旬开始展叶，4月中旬进入展叶盛期；10月下旬始花，11月中旬盛花，翌年2月下旬末花；7月开始结果，10月果熟。

迁地栽培要点

无。

主要用途

观赏。本种矮化后可做盆景。

叶枝 花枝 枝条 叶背面

47

龙州金花茶

Camellia lungzhouensis J. Y. Luo, Guihaia 3 (3): 192. 1983.

植株

自然分布

主要分布于广西龙州。

迁地栽培形态特征

常绿灌木，高2~4m。

茎 树皮灰褐色。

叶 革质，长椭圆形，长7.5~19cm，宽3.5~6cm，先端急尖，基部楔形或阔楔形，上面深绿色，下面无毛，有散生黑腺点，侧脉9~13对，在上面下陷，边缘有细锯齿，齿尖有黑腺点；叶柄长1~1.2cm，无毛。

花 单生于叶腋或顶生，直径2~4cm，近无柄；苞片5~6片，圆形，宽2~4mm，外面被柔毛；萼片5片，圆形或卵形，宽3~5mm，外面有紫色斑块，被柔毛；花瓣金黄色，9片，离生，圆形至长圆形，长1~1.9cm，略被短柔毛；外轮雄蕊略连生，花丝管长2mm，子房被白毛，3室，花柱3条离生。

果 蒴果三球形，宽2~2.5cm，被毛，果皮薄。

引种信息

昆明植物园 2010年引自广西龙州。

物候

昆明植物园 初花期2月下旬，盛花期3月上旬至下旬；果未见。

迁地栽培要点

温室内，湿度较大，阳光充足，喜温暖，疏松土质。

主要用途

观赏。

48
小花金花茶

Camellia micrantha S. Ye Liang et Y. C. Zhong, Act. Sci. Nat Univ. Sunyatseni 27 (4): 110. 1988.

花枝

自然分布

主要分布于广西宁明。

迁地栽培形态特征

常绿灌木，高2～3m。

茎 嫩枝淡红色，无毛。

叶 嫩叶紫红色，老叶椭圆形或长椭圆形，先端急尖，基部楔形。

花 淡黄色，1～3朵成腋生或顶生，花径1.5～2.6cm；花朵6～8片。

果 子房三室，每室有种子1～2粒，褐色，无毛。

引种信息

昆明植物园 2010年引自广西南宁金花茶公园。

桂林植物园 1988年从广西凭祥引种。长势良好。

物候

昆明植物园 1月上旬花芽萌动，2月下旬开始展叶，3月下旬进入展叶盛期；10月中旬始花，11月上旬盛花，12月下旬末花；果未见。

桂林植物园 11月下旬叶芽萌动，12月中旬开始展叶，翌年1月上旬进入展叶盛期；7月中旬见花蕾，12月上旬初花，12月下旬盛花，翌年1月下旬末花；11月下旬果实成熟。

迁地栽培要点

无。

主要用途

观赏。

花枝 花 叶正面 叶背面

49

微花连蕊茶

Camellia minutiflora Hung T. Chang, Tax. Gen. Camellia 140. 1981.

自然分布

产于江西、广东、香港。

迁地栽培形态特征

灌木，高2～4m。

茎 老枝灰色，嫩枝紫红色，密被长柔毛，后脱落。

叶 革质，窄椭圆形至椭圆形，长1.8～4.8cm，宽0.7～1.4cm，先端钝急尖或渐尖，基部楔形，边缘具锯齿，叶面沿中脉被短柔毛，背面被柔毛，侧脉叶面隐约可见，背面明显；叶柄长2～3mm，被毛。

花 顶生兼腋生，白色，花瓣背面带红晕，具芳香；苞片和萼片各5，两面无毛或外面略被短柔毛，边缘具睫毛；花瓣5～6，倒卵形，长1.2～1.8cm，宽1～1.3cm，先端凹缺，基部与雄蕊合生，无毛；雄蕊长1～1.6cm，外轮花丝基部连生约4～5mm，无毛；子房无毛，花柱长1.2～1.8cm，先端3裂，无毛。

果 蒴果球形，先端具小喙，直径1～1.5cm；种子球形，褐色。

引种信息

杭州植物园 2010年从金华市林业局引入扦插苗（登记号10C11004-003）。生长速度快，长势良好。

物候

杭州植物园 2月中旬叶芽萌动，3月上旬展叶，4月上旬展叶盛期；11月下旬见花蕾，翌年3月中旬初花，4月上旬盛花，4月下旬落花；10月下旬果实成熟，11月上旬落果。

迁地栽培要点

本种抗性强、适应性好，耐寒性、耐热性均不错，生长速度快，喜肥沃、深厚、排水性好的弱酸性土壤。繁殖以播种、扦插为主。病虫害少见。

主要用途

本种花白色带红晕，花期集中，花朵稠密且具芳香，新叶红色，观赏期长，加上抗性强，耐粗放养护，是一种极具潜力的观花、观叶俱佳的园林绿化树种。

植株
花苞
花侧面
果实
花正面
叶芽

50
多苞糙果茶

Camellia multibracteata Hung T. Chang et Z. Q. Mo, Guihaia 9 (4): 323. 1989.

植株

自然分布

产于江西、广东。

迁地栽培形态特征

灌木或小乔木，高可达4m。

茎 树皮黄褐色，老枝灰褐色，嫩枝绿色，无毛。

叶 革质，椭圆形，长8.3~11.5cm，宽3~5cm，先端锐尖，基部阔楔形，边缘上半部具锯齿，叶面无毛，背面沿中脉略被毛或无毛，中脉和侧脉在叶面凹陷，背面突起；叶柄长6~9mm，无毛。

花 顶生兼腋生，白色；苞片和萼片共14，倒卵形，外面被长柔毛；花瓣6~8，倒卵状长圆形，长3~4cm，先端圆，基部与雄蕊合生4~5mm，无毛；雄蕊长1~1.4cm，基部离生；子房被毛，3室，花柱3，长约1.5cm。

果 蒴果球形，直径3~4cm，果皮厚，表面粗糙。

引种信息

杭州植物园 1988年从江西引入小苗。生长速度中等，长势良好。

物候

杭州植物园 3月中旬叶芽萌动，4月上旬展叶，4月下旬展叶盛期；7月下旬见花蕾，11月上旬初花，11月下旬盛花，翌年1月上旬落花；10月下旬果实成熟，11月上旬落果。

迁地栽培要点

本种抗性强、适应性好，耐热性好，大苗不怕日晒，但小苗夏季宜遮阴养护，生长旺盛，喜肥沃、深厚、排水性好的弱酸性土壤。繁殖以播种、扦插为主。病虫害少见。

主要用途

本种种子含油量高，可榨油，是一种优良的油料树种。此外，本种树干挺直、树冠茂密、开花量大，生长旺盛，可做绿篱使用。

花正面

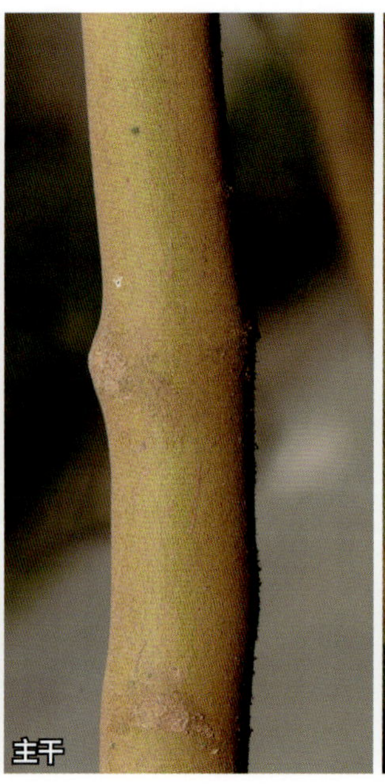
主干

叶正面

叶芽

51
扁糙果茶

Camellia oblata Hung T. Chang & B. M. Bartholomew, Tax. Gen. Camellia 30. 1981.

植株

自然分布

产广西防城十万大山；生于海拔1000m的常绿阔叶林中。

迁地栽培形态特征

灌木或小乔木，高2～6m。

茎 树皮灰白色，幼枝粗壮，无毛，1年生枝灰黄色或灰褐色。

叶 革质，长圆形或倒卵状长圆形，长12~15cm，宽4~5.5cm，先端急短尖，基部阔楔形，上面绿色，有光泽，下面浅绿色，无毛，有细小黑腺点，侧脉7对，在上面明显，下面突起，边缘有细锯齿，或下半部近全缘，叶柄长7~12mm，无毛。

花 1~2朵顶生或腋生，无柄，白色，径3~4cm；苞片及萼片9~10片，半圆形至圆形，长2~10mm，外面密被灰黄色柔毛；花瓣7~10片，倒卵形，长1.5~2cm，宽1~1.5cm，先端圆形，基部略连生；雄蕊长1.3~1.5cm，近离生；子房有长丝毛，花柱4或5条，离生，有毛，长1~1.7cm。

果 蒴果扁球形，直径4~6cm，表面粗糙，灰褐色，4或5室，果皮厚6~7mm；种子半球形，栗褐色。

引种信息

桂林植物园 引种记录不详。生长较慢，长势良好。

物候

桂林植物园 3月上旬叶芽萌动，3月下旬开始展叶，4月上旬进入展叶盛期；7月上旬见花蕾，翌年3月上旬初花，3月中旬盛花，3月下旬末花；11月果实成熟。

迁地栽培要点

稍耐阴，喜生长于上层林冠覆盖度50%左右的林下。适于肥力中等以上，土壤疏松湿润而排水良好的酸性壤土上生长。可使用种子和扦插等方式繁殖。

主要用途

具有较高的观赏价值，可做园林绿化之用。

花枝 叶背面 树干 果实

52
钝叶短柱茶

Camellia obtusifolia Hung T. Chang, Tax. Gen. Camellia 38. 1981.

植株

自然分布

产于江西、广东、浙江、福建。

迁地栽培形态特征

灌木或小乔木，高可达4m。

茎 树皮黄褐色，小枝褐色，初时疏被长柔毛，后脱落。

叶 革质，阔椭圆形或倒卵形，长3～5.6cm，宽2.1～3.5cm，先端钝或短尖，基部楔形至圆形，边缘具细锯齿，叶面沿中脉被短柔毛，背面无毛，侧脉叶面略可见，背面不明显；叶柄长2～3mm，被柔毛。

花 1～2朵顶生，白色；苞片和萼片共9～10，半月圆形至倒卵形，无毛或边缘被睫毛；花瓣5～7，倒卵形，长9～13mm，先端圆通常具浅裂，无毛，基部近离生；雄蕊长9～12mm，外轮花丝基部连生3～4mm，无毛；子房被毛，花柱3条，长7～8mm，无毛。

果 蒴果球形，直径1.5～2.5cm，3室，每室有种子1粒。

引种信息

杭州植物园 1977年从浙江温州泰顺引种种子（登记号77C11005S95-1739）。生长速度中等，长势良好。

物候

杭州植物园 2月中旬叶芽萌动，3月下旬展叶，4月上旬展叶盛期；7月下旬见花蕾，10月下旬初花，11月上旬盛花，12月中旬落花；11月上旬果实成熟，11月中旬落果。

迁地栽培要点

适应性强，耐寒性、耐热性尤其出色，本地栽培夏季无遮阴的情况下叶片未出现日灼。繁殖以播种、扦插为主。多年来未见重大病虫害，但近几年开始出现褐斑病，受害叶片出现病斑，不久便提早落叶，严重影响植株正常生长。

主要用途

本种树形开张，树皮黄褐色，具有一定的观赏性，由于本种具有很强的抗寒性，可用于寒冷地区的园林绿化。此外，本种结实率高，可作为食用油料植物。

枝芽 叶背面 果实 花正面 果实

53
油茶

Camellia oleifera Abel., Journ. China 174. 363, cum. ic. p. 174. 1818.

花正面

花枝

自然分布

长江以南各省区均有自然分布，最北到达陕西南部，各地也见广泛栽培；生于海拔900～1500（～2100）m的常绿阔叶林。老挝、缅甸、越南也有分布。

迁地栽培形态特征

灌木或小乔木，高1～5（～8）m。

茎 幼枝密被短柔毛，1年生枝变无毛，紫褐色或灰褐色。

叶 革质或厚革质，椭圆形、长圆状椭圆形或卵状椭圆形，先端渐尖或急尖，基部阔楔形，边缘具锯齿，上面具光泽，沿中脉被微硬毛或变无毛，背面浅绿色，干后呈黄绿色，无毛或近基部疏生柔毛；叶柄被短柔毛。

花 1～2朵生于小枝上部叶腋，白色，无花梗；小苞片与萼片9～11枚，自外向内逐渐增大，新月形、半月形或卵圆形，外面常被金黄色绢状茸毛，里面无毛，花后脱落；花瓣5～7片，基部近离生，倒卵形或倒披针状楔形，先端倒心形或2深裂；雄蕊无毛，外轮花丝基部多少连和；子房密被茸毛，花柱无毛或基部略被毛，先端3浅或深裂。

果 蒴果近球形，3室，果瓣木质；种子半球形，褐色，有光泽。

引种信息

昆明植物园 1950年引种于云南省农业科学院花卉研究所，登录号19500148，1973年引种于广西林业科学研究所，登录号19730063。生长较快，长势良好，栽植于树木园和山茶园。

峨眉山生物站 1985年从四川峨眉山引种，引种号85-0468-01-EMS。

桂林植物园 1971年从广西桂林引种。长势良好。

物候

昆明植物园 12月下旬叶芽萌动，翌年3月上开始展叶，4月中旬进入展叶盛期；8月中旬花芽萌动，10月上旬始花，10月下旬进入盛花，翌年1月中旬末花；3月上旬结果初期，10月上旬果熟。

峨眉山生物站 2月下旬叶芽萌动，3月上旬展叶，3月下旬展叶盛期；8月下旬见花蕾，9月中旬初花，10月上旬盛花，10月下旬落花；翌年8月上旬果实成熟。

桂林植物园 3月上旬叶芽萌动，3月中旬开始展叶，3月下旬进入展叶盛期；7月下旬见花蕾，11月上旬初花，11月下旬盛花，12月下旬末花；10月下旬果实成熟。

迁地栽培要点

喜温暖，怕严寒，喜多光，宜阳坡栽植，对土壤要求不高，一般酸性土壤即可。需防治炭疽病、根腐病等。

主要用途

本种多栽培，种子含油量高，种子榨油供食用，也可作为润滑油、防锈油，是重要的木本油料植物。茶饼可作为肥料及农药，果皮是提制栲胶的原料。

果枝　果枝和叶正面　果枝

54

峨眉红山茶

Camellia omeiensis Hung T. Chang, Tax. Gen. Camellia 56. 1981.

花枝

自然分布

产四川峨眉山、南川等地区，贵州毕节、赤水等地也有分布。

迁地栽培形态特征

灌木或小乔木，高3～6m。

茎 树皮深灰色，嫩枝深褐色，无毛。

叶 厚革质，长椭圆形，长9～15cm，宽4～6cm，先端急短尖，基部阔楔形至圆形，边缘具尖锐密锯齿，叶面深绿色，有光泽，背面淡绿色，光亮，两面无毛，侧脉两面均明显可见，网脉在上面略下陷。

花 顶生，红色，无花梗，苞被片10枚，下部3~4片半圆形，长3~6mm，上部各片近圆形，长1.5~2cm，背面有黄白色绢毛，花后苞被脱落，花瓣8~9片，外面2~3片近圆形，长3~3.5cm，内面6~7片阔倒卵形，长4~5cm，先端圆形或微凹陷，基部连合，雄蕊多数，长3~3.5cm，外轮花丝下部连合成花丝管，游离部分长1.5~2cm，花丝有毛，子房3室，有毛，花柱长3~3.5cm，连合，先端0.5~1cm处3裂。

果 蒴果圆球形，有毛，每室2颗种子，果皮较厚。

引种信息

峨眉山生物站 1985年从四川峨眉山引种，引种号85-0469-01-EMS。

物候

峨眉山生物站 3月上旬叶芽萌动，3月中下旬展叶，3月下旬至4月上旬展叶盛期；10月中上旬见花蕾，12月下旬初花，1月中旬至2月下旬盛花，3月中旬落花；3月下旬初果，9月果实成熟。

迁地栽培要点

喜温暖湿润，适应性强，少病虫害，长势良好。

主要用途

濒危，珍贵观赏植物。

植株　果枝　果实

55

肖糙果茶

Camellia parafurfuracea S. Ye Liang ex Hung T. Chang, Tax. Gen. Camellia 31. 1981.

植株

自然分布

产于广西、广东、江西。

迁地栽培形态特征

灌木，高可达3m。

茎 树皮黄褐色，老枝灰褐色，嫩枝绿色，无毛。

叶 革质，椭圆形，长7~10cm，宽3~4.5cm，先端渐尖，基部圆形至钝圆形，边缘具细锯齿或锯齿不明显，两面无毛，中脉和侧脉在叶面凹陷，背面突起；叶柄长5~8mm，无毛。

花 栽培植株尚未开花。

果 栽培植株蒴果未见。

引种信息

杭州植物园 2015年从恩施冬升植物开发有限责任公司引入扦插苗（登记号15C21004-055）。生长速度中等，长势一般。

物候

杭州植物园 3月上旬叶芽萌动，3月下旬展叶，4月中旬展叶盛期。

迁地栽培要点

耐寒性一般，叶片较易受到冻害，耐热性好，但小苗夏季宜遮阴养护，喜肥沃、深厚、排水性好的弱酸性土壤。繁殖以扦插为主。病虫害少见，主要有炭疽病。

主要用途

本种种子含油量高，可榨油，是一种优良的油料树种。此外，本种树干挺直、树冠茂密、开花量大，生长旺盛，但由于耐寒性一般，因此本种适宜栽培于在温暖地区。

枝条

叶正面

老枝

叶背面

56 小瓣金花茶

Camellia parvipetala J. Ye Liang et Z. M. Su, Guihaia 5 (4): 357. 1985.

花枝

花苞

自然分布

产广西宁明；生于土山杂木林中，海拔180～900m。

迁地栽培形态特征

常绿灌木，高2～4m。

茎 树皮灰黄色或灰褐色，嫩枝紫褐色，老枝黄褐色，无毛。

叶 嫩叶深紫红色，老叶近革质，广卵形，长圆形或倒卵状椭圆形，长6～15cm，宽3.5～7cm；先端急尖或近短尖，基部阔楔形或楔形；侧脉7～9对，上面略下陷，边缘具细锯齿，叶柄长5～10mm。

花 1～3朵腋生或顶生，黄色或淡黄色，直径1.5～2.5cm，花柄长3～6mm，苞片细小，半圆形至近圆形，萼片5～6片，半圆形至圆形，直径3mm；花瓣7～8片，外轮近圆形，直径5～8mm，先端凹陷，内轮长圆形，长1.3～2cm，宽8～10mm；雄蕊多数，长8～10mm，外轮花丝基部稍连生，无毛；子房近球形，直径1.5～2mm，3室，无毛，花柱3条，离生，偶有4条，长10～15mm。

果 蒴果扁球形或扁三角状球形，直径3～5cm，3～4室，每室种子1～3粒；种子半球形或球形，褐色，无毛。

引种信息

桂林植物园 1988年从广西宁明引种。长势良好。

物候

桂林植物园 11月下旬叶芽萌动，12月中旬开始展叶，翌年1月上旬进入展叶盛期；7月中旬见花蕾，12月上旬初花，12月下旬盛花，翌年1月下旬末花；12月果实成熟。

迁地栽培要点

属喜暖热好湿润的阴性植物，引种到桂林，能正常生长及开花结实。抗寒性较强，经历-4℃的低温后而无明显冻害。对土壤的适应性较广，但喜湿怕旱，宜淡肥薄施。可采用种子繁殖和扦插繁殖。病害主要有叶斑病、炭疽病等，虫害主要有蚜虫、卷叶蛾、天牛等。

主要用途

该种花小叶大，在金花茶组植物中观赏价值欠佳。

植株

嫩叶

果枝

57
金花茶

Camellia petelotii (Merr.) Sealy, Sunyatsenia, 7 (1-2): 19. 1948.

自然分布

主要分布于广西防城和邕宁等地，越南北部也有分布；生于海拔50~650m的酸性土山谷杂木林中。

迁地栽培形态特征

灌木或小乔木，高2~5m。

茎 嫩枝无毛。

叶 革质，长圆形或披针形，或倒披针形，先端尾状渐尖，基部楔形，上面深绿色，发亮，无毛，下面浅绿色，无毛，有黑腺点，中脉及侧脉7对，在上面陷下，在下面突起，边缘有细锯齿，叶柄无毛。

花 黄色，单生叶腋；苞片5片，散生，阔卵形，宿存；萼片5片，卵圆形至圆形，基部略连生，先端圆，背面略有微毛；花瓣8~12片，近圆形，基部略相连生，边缘有睫毛；雄蕊排成4轮，外轮与花瓣略相连生，花丝近离生或稍连合，无毛；子房无毛，3~4室，花柱3~4条，无毛。

果 蒴果扁三角球形，3爿裂开，中轴3~4角形，先端3~4裂；果柄长1cm，有宿存苞片及萼片；种子6~8粒。

引种信息

昆明植物园 1966年、1978年和2015年引种自广西，登录号为19660001、19780026和20150787。栽植于茶花园，长势良好。

桂林植物园 1984年从广西防城和南宁引种。长势良好。

物候

昆明植物园 1月中旬叶芽萌动，3月上旬开始展叶，6月上旬展叶盛期；12月下旬始花，翌年1月中旬盛花，翌年3月上旬末花。

桂林植物园 9月上旬叶芽萌动，9月下旬开始展叶，10月下旬进入展叶盛期；7月上旬见花蕾，翌年1月下旬初花，2月下旬盛花，3月下旬末花；11月上旬果实成熟。

迁地栽培要点

喜排水良好的酸性土壤，在石灰岩碱性土壤中也可生长。苗期喜荫蔽，进入花期后，颇喜透射阳光。对土壤要求不严，微酸性至中性土壤中均可生长。耐瘠薄，也喜肥。耐涝力强。

主要用途

常绿，株形好，金黄色花，有蜡质光感，适合在园林林下灌木层生长，是园林绿化的珍贵材料，也是珍贵的育种材料。其种子含油，可食用和制作护肤护发品，花朵干燥后可做茶饮。

叶正面
果枝
花正面
植株
花侧面

58
小果金花茶

Camellia petelotii (Merr.) Sealy var. ***microcarpa*** (S. L. Mo et S. Z. Huang) T. L. Ming et W. J. Zhang, Acta Bot. Yunnan. 15: 10. 1993.

自然分布

产广西邕宁；生于土山山谷常绿阔叶林中，海拔120～250m。

迁地栽培形态特征

常绿灌木，高2～4m。

茎 树皮灰褐色至黄褐色，近平滑，小枝灰黄色，圆柱形，无毛。

叶 嫩叶紫红色，老叶革质，椭圆形，倒卵状椭圆形，长10～15cm，宽3～5.5cm；先端钝尖，基部阔楔形至近圆形，边缘具小锯齿；两面无毛，上面绿色，有光泽，下面淡绿色，侧脉7～8对，上面略下陷，网脉在两面均不明显；叶柄长5～13m，无毛。

花 黄色，单生或2～3朵簇生于叶腋，花径2.5～3.5cm，花梗长5～8mm；苞片5～6片，倒卵形，长约1.5～2mm，萼片5片，半圆形至近圆形，长3～6mm，外面近无毛，内面被银灰色短柔毛；花瓣7～9片，基部稍合生，外轮花瓣较短，近圆形或阔卵形，长1～2cm，内轮花瓣阔卵形至长椭圆形，长1.5～2.3cm；雄蕊多数，花丝长1.2～1.5cm，外轮花丝基部连生，内轮花丝离生，无毛；子房扁球形，直径2mm，3室，无毛；通常花柱3条，稀4条，完全分离，长约1.5～2cm，无毛。

果 蒴果扁球形或扁三角状球形，直径2.5～3.5cm，成熟时黄绿色或稍带淡紫色，无毛，顶端凹陷，3室，每室种子1～3粒；种子半球形或球形，褐色，无毛。

引种信息

桂林植物园 1987年从广西邕宁引种。长势良好。

物候

桂林植物园 2月中旬叶芽萌动，2月下旬开始展叶，3月上旬进入展叶盛期；7月中旬见花蕾，11月下旬初花，12月中旬盛花，翌年1月中旬末花；11月果实成熟。

迁地栽培要点

为喜暖热植物，引种到中亚热带气候的桂林仍能正常开花结果。喜生长于上层林冠覆盖度75%以上的林下，不能忍耐阳光直射，为喜阴耐阴植物。适于肥力中等以上，土壤疏松湿润而排水良好的酸性轻壤土上生长。可使用扦插、嫁接、高压等方式繁殖，成活率较高。

主要用途

在《中国生物多样性红色名录——高等植物卷》中列为易危（VU）。但因其分布范围小，近年来破坏十分严重，目前已很难找到野生植株。本种与原变种金花茶相近似，主要区别在于花和果较小，开放时平展。观赏价值低于金花茶。

植株
嫩叶
花枝
叶正面
果枝

59
毛籽离蕊茶

Camellia pilosperma S. Ye Liang, Aata Phytotax. Sin. 17 (2): 95. 1979.

花枝

自然分布

产四川、云南、贵州、湖南，缅甸北部也有分布；生于海拔1200～2600m的常绿阔叶林。

迁地栽培形态特征

灌木，高1～3m。

茎 嫩枝有褐色长粗毛，老枝灰色，表皮薄条状剥落。

叶 革质，椭圆形或卵状长圆形，长3～5cm，宽1.5～2.5cm，先端略尖或稍钝，基部心形或耳形，耳长3～5mm，上面干后暗褐色，不发亮，中脉基部有短粗毛，下面褐色，中脉有长丝毛，边缘有疏锯齿，叶柄极短。

花 顶生，白色，常2朵并列，或单花腋生，花梗极短；苞被9片，外侧数片长1.5～2mm，无毛，半圆形或阔卵形，内侧数片卵圆形，无毛，基部近分离，宿存；花瓣5～7片，倒卵形，近于离生，先端凹入，无毛；雄蕊多数，外轮花丝基部2mm连生，无毛，内轮完全分离，花药基部着生，黄色；子房3室，有毛，花柱几完全分离为3。

果 蒴果圆球形，不规则裂开，果爿薄，1室，种子1粒，圆球形，表面有短毛。

引种信息

昆明植物园 1992年引自广西昭平。生长速度中等，长势较好，栽培于山茶园。

物候

昆明植物园 1月上旬叶芽萌动，2月下旬开始展叶，4月中旬进入展叶盛期；10月上旬花芽萌动，11月中旬始花，翌年2月中旬盛花，翌年4月上旬末花；5月上旬结果初期，9月下旬果熟。

迁地栽培要点

无。

主要用途

用于园林绿化。

带花苞枝条　花枝　嫩叶

60
平果金花茶

Camellia pingguoensis D. Fang, Acta Bot. Yunnan. 2: 339. 1980.

植株

自然分布

产广西平果、田东；生于石灰岩山坡的常绿阔叶林中，海拔250～620m。

迁地栽培形态特征

常绿灌木，高1～3m。

茎 树皮灰色，幼枝紫红色，纤细，无毛，1年生枝灰黄色。

叶 嫩叶暗红色，老叶薄革质，卵形或长卵形，长4～8cm，宽2.5～3.5cm，先端骤尖，基部圆楔形至楔形，上面深绿色，下面浅绿色，有黑棕色腺点，边缘具细锯齿，两面无毛。侧脉5～6对，表面清晰或不显，背面突起，叶柄长6～10mm。

花 1～2朵生于叶腋，黄色，直径1.5～2cm，花柄长4～5mm，苞片4～5片，细小，无毛，萼片5～6片，近圆形，长2～4mm；花瓣7～8片，长8～10mm，基部稍连生；雄蕊多数，长8～10mm，无毛，外轮花丝下部合生，长约3mm；子房近球形，无毛，花柱3条，离生，长9～13mm。

果 蒴果扁三角状球形，3室，直径2～3cm，高1.2～1.5cm，果皮薄，1～1.5mm，种子半球形，径约1cm，褐色，无毛。

引种信息

桂林植物园 1987年从广西平果引种。长势良好。

昆明植物园 1981年从广西引种，登录号19810066。栽植于茶花园，长势良好。

物候

桂林植物园 9月上旬叶芽萌动，9月下旬开始展叶，10月下旬进入展叶盛期，翌年3月中旬还能进行二次抽梢；6月下旬见花蕾，11月上旬初花，12月上旬盛花，翌年1月下旬末花；9月下旬果实成熟。

迁地栽培要点

该种稍耐强光和干旱，适应性较强，引种到桂林后能正常开花结果。可采用种子繁殖、扦插繁殖、高压繁殖等。在肥力中等的酸性土上生长良好。

主要用途

在《中国生物多样性红色名录——高等植物卷》中列为濒危（EN）。该种在金花茶组植物中花朵较小，观赏价值相对较低。

61

顶生金花茶

Camellia pingguoensis D. Fang var. ***terminalis*** (J. Y. Liang et Z. M. Su) T. L. Ming et W. J. Zhang, Acta Bot. Yunnan. 15: 14. 1993.

花枝

嫩枝

自然分布

分布于广西天等海拔130～450m的石灰岩钙质土常绿季雨林内。

迁地栽培形态特征

常绿灌木，高1～3m。

茎 树皮灰黄褐色，小枝黄褐色，密集，纤细。

叶 嫩叶淡紫红色，老叶薄革质，椭圆或长圆状椭圆形，叶长3.5～6cm，宽2～3cm，先端渐尖或尾状渐尖，基部楔形或阔楔形，两面无毛，背面散生黑褐色小腺点，边缘有小锯齿；侧脉每边4～6条，背面明显突起，中脉在两面明显突起，网脉不明显；叶柄长5mm，绿色，无毛。

花 单生于小枝顶端，偶有2朵顶生，直径3.5～4.5cm，花梗长约5～10mm；苞片细小，半圆形，绿色；萼片5～6片，长5～8mm，近圆形或半圆形，先端微凹，内面有灰白色短柔毛；花瓣8～10片，黄色，外轮花瓣较短，长圆形，长1～1.5cm，宽1～1.2cm；内轮花瓣较长，近圆形或椭圆形或卵状椭圆形，长2～2.6cm，宽1.5～2cm；雄蕊多数，成5～6轮排列，长1～1.4cm，花丝无毛，外轮花丝基部合生，内轮花丝基部离生；子房近球形，直径约2mm，无毛，3室，花柱长1～1.3cm，无毛，离生。

果 蒴果扁球形，直径2.5～3.0cm，高1.5～2cm，无毛，顶端微凹；果皮厚8～14mm，果柄长3mm或近无柄，无毛；3室，每室有种子1～2粒，球形、半球形或三角形，直径约1～1.5cm，黑褐色，种皮被黄棕色细茸毛。

引种信息

桂林植物园 2010年从广西天等引种。长势良好。

物候

桂林植物园 3月上旬叶芽萌动，3月中旬开始展叶，3月下旬进入展叶盛期；7月下旬见花蕾，11月中旬初花，12月中旬盛花，翌年1月下旬末花；11月上旬果实成熟。

迁地栽培要点

喜温暖湿润的环境条件，忌阳光直射，稍耐低温，引种到桂林后能正常开花结果。可采用种子繁殖、扦插繁殖、高压繁殖等。在肥力中等的酸性土上生长良好。

主要用途

在《中国生物多样性红色名录——高等植物卷》中列为濒危（EN）。花大叶小，以其金黄色的花朵单生于枝顶而在各种金花茶中独具特色，在园林观赏和杂交育种上均有特殊价值。

植株　花　果枝

62 西南红山茶

Camellia pitardii Cohen-Stuart, Meded. Proefst. Thee 10: 68. 1916.

自然分布

产四川、重庆、湖南、广西、贵州、云南。

迁地栽培形态特征

灌木至小乔木，高达7m。

茎 树皮黄褐色，嫩枝黄色或棕黄色，无毛。

叶 革质，披针形或长圆形，长6.5～12cm，宽2.5～4cm，有时较长，先端渐尖或长尾状，基部楔形，上面干后亮绿色，下面黄绿色，无毛，侧脉6～7对，在上下两面均能见。边缘有尖锐粗锯齿，齿刻相隔2～3.5mm，齿尖长0.5～1.5mm，叶柄长1～1.5cm，无毛。

花 顶生，红色，无柄；苞片及萼片10片，组成2.5～3cm的苞被，最下半1～2片半月形，内侧的近圆形，长约2cm，背面有毛，脱落；花瓣5～6片，花直径5～8cm，基部与雄蕊合生约1.3cm；雄蕊长2～3cm，无毛，外轮花丝连生，花丝管长1～1.5cm，基部与花瓣贴生，子房有长毛，花柱长2.5cm，基部有毛，先端3浅裂。

果 蒴果扁球形，高3.5cm，宽3.5～5.5cm，3室，3 爿裂开，果爿厚；种子半圆形，长1.5～2cm，褐色。

引种信息

昆明植物园 生长速度中等，长势一般，栽植于树木园。

峨眉山生物站 1985年10月25日从四川峨眉山引种，引种号85-0470-01-EMS。

物候

昆明植物园 3月上旬叶芽开始萌动，3月下旬开始展叶，4月中旬进入展叶盛期；11月下旬花芽萌动，翌年1月下旬始花，3月上旬末花；3月下中旬开始结果，6月下旬果熟。

峨眉山生物站 3月上旬叶芽萌动，3月下旬展叶，4月中上旬展叶盛期；10月中上旬见花蕾，翌1月初花，2～3月盛花，4月中下旬落花；3月上旬初果，9～10月果实成熟。

迁地栽培要点

喜温暖湿润，抗性较强，少病虫害，峨眉山地区长势良好。

主要用途

花期长，花色艳丽，具很高观赏价值，为园林绿化常用花卉。花、叶、根入药，具活血止血、收敛止泻及解毒敛疮的功效。

植株
花枝
果枝
花侧面
花正面

63

西南白山茶

Camellia pitardii Cohen-Stuart var. ***alba*** Hung T. Chang, Tax. Gen. Camellia 69. 1981.

植株

自然分布

产于四川、重庆、湖南、云南。

迁地栽培形态特征

灌木或小乔木，高可达7m。

茎 老枝灰褐色，嫩枝深褐色，无毛。

叶 革质，长圆形至椭圆形，长9～11cm，宽3.5～4.5cm，先端锐尖至渐尖，基部楔形至阔楔形，边缘具锐锯齿，两面无毛，侧脉两面明显；叶柄长5～10mm，无毛。

花 顶生兼腋生，白色，略具芳香，无柄；苞片和萼片共9～10，下部4枚较小，外面无毛或略被毛，其余5～6枚较大，外面被柔毛；花瓣5～6，倒卵形，长3～4.5cm，先端凹缺，基部与雄蕊合生；雄蕊长2～3cm，外轮花丝基部连生约1.5cm，无毛；子房被毛，花柱长2.5～3cm，先端3浅裂，基部被毛。

果 蒴果扁球形至球形，长3.5cm，直径3.5～5cm；种子褐色。

引种信息

杭州植物园 1988年引入。生长速度一般，长势一般。

物候

杭州植物园 3月上旬叶芽萌动，3月下旬展叶，4月上旬展叶盛期；7月上旬见花蕾，翌年1月中旬初花，2月下旬盛花，3月中旬落花；10月中旬果成熟，10月下旬落果。

迁地栽培要点

适应性一般，耐寒性较强，耐热性、抗旱性较差，夏季无遮阴的情况下叶片会出现严重的日灼。生长速度一般，喜肥沃、排水性良好的弱酸性土壤。繁殖以播种、扦插为主。病虫害主要有黑翅土白蚁、叶斑病。

主要用途

本种结实率高、种子含量量高、品质好，在原产地是一种重要的食用油料树种。此外，本种早春开花、花朵稠密，具有一定的园林观赏价值。

叶正面 果实 花正面 花侧面

64
多齿红山茶

Camellia polyodonta How ex Hu, Acta Phytotax. Sin. 10: 135. 1965.

植株

自然分布

产湖南西部、广西。

迁地栽培形态特征

小乔木，高8m。

茎 树皮土黄色，老枝灰色，嫩枝无毛。

叶 厚革质，椭圆形至卵圆形，长8~12.5cm，宽3.5~6cm，先端阔而急长尖，尖尾长1~2cm，基部圆形，叶正面亮绿色，略有光泽，下面浅绿色，稍发亮，无毛，侧脉6~7对，在上面陷下，在下面突起，网脉凹下，嫩叶主脉有毛，叶边缘密生尖锐细锯齿，齿刻相隔1~1.5mm，齿尖长1mm，叶柄粗大，长8~10mm，无毛。

花 顶生及腋生，红色，无柄，直径7～10cm；苞片及萼片15片，革质，阔倒卵形，由外向内逐渐增大，长4～28mm，宽6～20mm，外侧有褐色绢毛，花瓣6～7片，最外2片倒卵形，长2cm，宽1.5cm，内侧5片阔倒卵形，长3～4cm，宽2.5～3.5cm，外侧有白毛，基部连成短管；雄蕊排成5轮，最外轮花丝下部2/3连合，内轮离生，花丝有柔毛；子房3室，被毛，花柱长2cm，3深裂。

果 蒴果球形，直径5～8cm，种子9～15个。

引种信息

武汉植物园 引种信息不详。

桂林植物园 1973年从广西龙胜引种。长势良好。

物候

武汉植物园 3月下旬叶芽萌动，4月上旬展叶，4月中旬展叶盛期；1月下旬见花蕾，2月下旬初花，2月下旬盛花，3月中旬落花；9月下旬果实成熟，10月下旬落果。

桂林植物园 2月下旬叶芽萌动，3月上旬开始展叶，3月下旬进入展叶盛期；8月上旬见花蕾，翌年1月中旬初花，2月中旬盛花，3月上旬末花；10月下旬果实成熟。

迁地栽培要点

喜温暖多湿，不耐寒冷。空气和土壤干旱时需常喷水保湿。

主要用途

花大而艳，具观赏价值。

叶芽　果实　果枝　花

65
毛瓣金花茶

Camellia pubipetala Y. Wan et S. Z. Huang, Acta Phytotax. Sin. 20: 316. 1982.

植株

自然分布

仅分布于广西隆安和大新两县交界处的北热带石灰岩季雨林内，海拔120～430m。

迁地栽培形态特征

常绿灌木或小乔木，高2～4m。

茎 树皮灰黄色，幼枝被灰黄色开展柔毛，1年生枝灰褐色，毛被变褐色硬毛状。

叶 薄革质，长圆形至椭圆形，长10～17cm，宽3.5～6cm，先端渐尖，基部圆或阔楔形，边缘有细锯齿，上面深绿色，有光泽，无毛，下面黄绿色，被茸毛，侧脉8～10对，叶柄长5～10mm，被毛。

花 黄色，直径3.5～5cm，顶生或腋生，单朵，稀双生，近无柄；苞片和萼片10～15片，由外向内渐次增大，新月形、广卵形至近圆形，长3～10mm，外被柔毛；花瓣9～13片，倒卵形，长2.2～3.8cm，宽1.6～3.0cm，基部略连生，外被柔毛；雄蕊多数，花丝有毛，长1.9～2.6cm，外轮花丝基部与花瓣连生，内轮花丝离生；花柱3条，长2.4～2.9cm，被柔毛，下部合生；子房3室，近球形，直径2.5～3.8mm，外被柔毛。

果 蒴果扁球形，径约3.5cm，通常3室，每室有种子1～3粒；种子半球形或球形，黑褐色。

引种信息

桂林植物园 1987年从广西隆安引种。长势良好。

昆明植物园 2005年引种自广西，登录号20050103。栽植于茶花园，长势良好。

物候

桂林植物园 8月中旬叶芽萌动，9月上旬开始展叶，10月中旬进入展叶盛期；7月上旬见花蕾，翌年2月下旬初花，3月中旬盛花，4月上旬末花；10月上旬果实成熟。

昆明植物园 3月中旬叶芽萌动；10月下旬始花，11月中旬盛花，翌年3月上旬末花；果未见。

迁地栽培要点

为喜暖热植物，具有一定的耐寒性，喜阴耐阴，引种到桂林酸性土壤上，能正常开花，但未见结实。可采用扦插繁殖、嫁接繁殖和高压繁殖。实生苗一般8年左右即可开花，一年开花一次，扦插苗开花树龄要比实生苗提早3～5年左右。主要虫害有蚜虫、卷叶蛾、天牛等。

主要用途

在《中国生物多样性红色名录——高等植物卷》中列为濒危（EN）。其花瓣、花丝、花柱和子房均密被柔毛，具有较高的观赏价值，亦可作为培育茶花新品种的重要种质资源；叶片和花朵茶多酚、总皂苷、总黄酮等生理活性物质含量较高，适宜制茶或用于保健食品的生产。

叶背面 花枝 花侧面 花正面

66

粉红短柱茶

Camellia puniceiflora Hung T. Chang, Tax. Gen. Camellia 40. 1981.

植株

自然分布

模式标本采自浙江龙泉锦旗溪边。产浙江天目山、龙泉市、云和县、泰顺县以及湖南省平江县，海拔250～700m。

迁地栽培形态特征

灌木，高可达2m。

茎 老枝灰色，嫩枝深褐色，被短毛，后脱落。

叶 革质，椭圆形，长4～6cm，宽1.5～3cm，先端钝或略尖，基部阔楔形，边缘具浅锯齿，叶面沿中脉被微柔毛，背面无毛，侧脉两面不明显或在叶面稍突起；叶柄长3～5mm，被毛。

花 顶生兼腋生，粉红色，近无柄；苞片和萼片共7～8，卵圆形，外面略被毛或无毛，里面无毛；花瓣5～7片，倒卵形，长2.5～3.4cm，先端凹缺，基部稍连生；雄蕊长1～1.3cm，外轮花丝连生2～3mm，无毛；子房被毛，3室，花柱3裂，长6～8mm，无毛。

果 蒴果球形，直径1.5～2cm，先端具小喙。

引种信息

杭州植物园 1977年从浙江南部地区引入（登记号77C11005U95-1741）。生长速度中等，长势良好。

物候

杭州植物园 2月上旬叶芽萌动，3月下旬展叶，4月上旬展叶盛期；7月中旬见花蕾，11月中旬初花，12月上旬盛花，12月下旬落花；11月下旬果实成熟，12月上旬落果。

迁地栽培要点

抗性强，适应性好，耐寒，在落叶大乔木下生长良好。繁殖以播种、扦插为主。病虫害少见，环境湿度高时叶片、枝干上易着生藻类。

主要用途

本种花粉红色、略具芳香，树形紧凑、枝叶茂密，是一种优良的园林绿化树种和选育新品种的理想亲本。此外，种子含油量高，是一种优良的食用油料树种。

花　果实　花苞

67
红花三江瘤果茶

Camellia pyxidiacea Z. R. Xu var. ***rubituberculata*** (Hung T. Chang ex M. J. Lin et Q. M. Lu) T. L. Ming, Acta Bot. Yunnan. 15: 129. 1993.

果实

花正面

自然分布

产贵州晴隆；生于海拔700～800m的常绿阔叶林。

迁地栽培形态特征

灌木或小乔木，树高3～5m。

茎 幼枝无毛，淡棕色，1年生枝灰褐色。

叶 薄革质，椭圆形或长圆状椭圆形，长9～13cm，宽3～5.5cm，先端急尖至渐尖，基部阔楔形，边缘具锯齿，两面无毛，叶柄无毛。

花 单生或成对生小枝上部叶腋，红色；无花梗；小苞片和萼片褐色，两面被灰色绢毛，外面4枚半圆形或近圆形，里面5～6枚阔卵形，宿存；花瓣阔倒卵圆形，先端微凹，基部略连合；雄蕊多数，无毛，外轮花丝下部合生，子房扁球形，中、下部无毛，上部密被白色柔毛，表面具纵向褶皱，（3～）5室，花柱（3～）5，离生，疏生白色柔毛。

果 蒴果近球形，褐色，具瘤状突起和（3～）5条纵沟，（3～）5室，每室有种子（1～）2颗；种子半球形，褐色，被棕色茸毛。

引种信息

昆明植物园 1985年引自贵州晴隆。生长速度中等，长势良好，栽培于茶花园。

物候

昆明植物园 12月上旬叶芽开始萌动，翌年3月下旬开始展叶，4月中旬进入展叶盛期；9月下旬始花，10月中旬盛花，12月下上旬末花；翌年5月开始结果，10月下旬果熟。

迁地栽培要点

适应性强，病虫害少，管理可粗放。

主要用途

本种属于受威胁种，主要用于科研等用途；观赏。

花枝

果枝

果枝

68
滇山茶

Camellia reticulata Lindl., Bot. Reg. t. 1079. 1827.

花枝

自然分布

产四川、云南、贵州、湖南，缅甸北部也有分布；生于海拔1200～2600m的常绿阔叶林。

迁地栽培形态特征

乔木，树高3～15m。

茎 嫩枝无毛。

叶 阔椭圆形，长8～11cm，宽4～5.5cm，先端尖锐或急短尖，基部楔形或圆形，上面干后深绿色，发亮，下面深褐色，无毛，侧脉6～7对，在上面能见，在下面突起，边缘有细锯齿，叶柄无毛。

花 顶生，红色，直径10cm，无柄；苞片及萼片10～11片，组成长2.5cm的杯状苞被，最下1～2片半圆形，短小，其余圆形，背面多黄白色绢毛；花瓣红色，6～7片，最外1片近似萼片，倒卵圆形，背有黄绢毛，其余各片倒卵圆形，先端圆或微凹入，基部相连生无毛；雄蕊外轮花丝基部1.5～2cm连接成花丝管，游离花丝无毛；子房有黄白色长毛，花柱无毛或基部有白色。

果 蒴果扁球形，3爿裂开，果爿厚7mm，种子卵球形。

引种信息

昆明植物园 引种信息不详。生长速度中等，长势良好，栽培于山茶园。

物候

昆明植物园 2月中旬开始叶芽萌动，3月中旬开始展叶，3月下旬进入展叶盛期；12月下旬始花，翌年2月下旬盛花，3月上旬末花，花少；7月上旬开始结果，12月果实成熟。

迁地栽培要点

忌烈日，喜半阴，较耐低温。

主要用途

本种多栽培，花大繁茂、花姿多样、花色艳丽，为优良的园景和绿化的花木。花可入药，种子含油量高可食用。

植株 果枝 花正面 嫩叶

69
怒江山茶

Camellia saluenensis Stapf ex Bean, Trees and Shrubs m. 66. c. tab. 1933.

花苞

花枝

自然分布

产云南，四川西南部和贵州西北部；生于海拔1900~2800（~3200）m的干燥云南松林或混交林下或灌丛中。

迁地栽培形态特征

多分枝小灌木，树高1~4m。

茎 幼枝疏生短柔毛，1年生枝淡棕色，老枝灰褐色。

叶 叶片常密集排列于小枝上部，硬革质，长圆形，长2.5~5.5cm，宽1~2.2cm，先端急尖或钝，基部楔形至近圆形，边缘具细锯齿，叶面深绿色，有光泽，无毛或近无毛，背面淡绿色，沿中脉被长柔毛，中脉两面突起，侧脉在表面微凹，背面突起；叶柄长约5mm，疏生柔毛。

花 单生或成对生于小枝近顶端，红色，径4~5cm；无花梗；小苞片和萼片约10枚，外面1~2片较小，新月形或半圆形，长约2mm，外面无毛，里面的卵圆形，长1.5~2cm，外面无毛或被白色绢毛，与花瓣同时脱落；花瓣5~6，倒卵形或倒卵状椭圆形，长3~4cm，先端凹入，基部连合；雄蕊多数，长1.5~2.5cm，无毛，外轮花丝2/3合生；子房密被白色茸毛，3室，花柱与雄蕊近等长，无毛或基部被毛，先端3浅裂。

果 蒴果球形，3室，每室有种子1~2颗，果皮多少木质；种子球形或半球形，褐色。

引种信息

昆明植物园 生长速度一般，长势一般，栽培于山茶园。

物候

昆明植物园 1月上旬叶芽开始萌动，3月下旬开始展叶，4月中旬进入展叶盛期；10月中旬花芽萌动，翌年1月中旬始花，1月下旬盛花，3月上旬末花；4月下旬结果初期，9月下旬果熟。

迁地栽培要点

抗性强，耐寒，病虫害少。生长速度较慢，在富含腐殖质、湿润的微酸性土壤生长更好。

主要用途

本种为受威胁物种。可于庭院和草坪中孤植或丛植；也可与其他花灌木配置花坛、花境，或作配景材料，植于林缘、角落、墙基等处作点缀装饰；怒江山茶在阳光较好的环境花朵美丽、花量多。种子除了做繁殖材料，还可做木本油料植物栽种。材质细密，其木可用于雕刻。

果枝

花正面

花侧面

70
茶梅

Camellia sasanqua Thunb., Fl. Jap. 273. t. 30. 1784.

花枝

花枝

自然分布

分布于日本，我国有栽培品种。

迁地栽培形态特征

小乔木，嫩枝有毛。

茎 树皮灰色，幼枝淡棕色，有毛。

叶 革质，椭圆形，长3~5cm，宽2~3cm，先端短尖，基部楔形，有的近圆形，边缘具细锯齿，叶面深绿色，有光泽，背面黄绿色，无毛，侧脉5~6对，在叶面不明显，叶背可见，网脉不明显，叶柄长4~6mm，稍有毛。

花 腋生或近顶生，白色或粉红色至红色，直径4~7cm，苞片和花萼片6~7枚，被白色茸毛；花瓣6~7枚（栽培品种多为重瓣），倒卵形，近离生，长3~5cm，宽2~5cm；雄蕊多数，离生；子房被白色茸毛，3深裂，花柱长1~1.3cm。

果 蒴果球形，径1.5~2cm，1~3室，每室1~2颗种子，褐色，无毛。

引种信息

南京中山植物园 1990年引种种苗，来源不详，登记号（87E31021-09，84E3103-01，90E31028-27，90E31028-28，90E31028-106，90E31028-107，0E31028-108）。

桂林植物园 2004年从浙江金华引种。长势良好。

昆明植物园 1973年和2001年引种自杭州，登录号为19730006和20010360。栽植于茶花园，长势良好。

物候

南京中山植物园 3月上旬叶芽萌动，3月下旬展叶，4月中下旬展叶盛期；10月上中旬见花蕾，10月下旬初花，11月中下旬盛花，翌年2月中旬落花；9月下旬果实成熟，10月中下旬落果。

桂林植物园 3月中旬叶芽萌动，3月下旬开始展叶，4月上旬进入展叶盛期；8月上旬见花蕾，11月下旬初花，12月下旬盛花，翌年2月上旬末花；未见结果。

昆明植物园 2月下旬叶芽开始萌动，4月中旬开始展叶，5月上旬进入展叶盛期；3月下旬开始结果，6月果熟。

迁地栽培要点

喜温暖湿润环境，忌强光，耐半阴，较耐寒，宜种植于土层深厚且肥沃的弱酸性土壤中。繁殖以扦插为主。病虫害少见。

主要用途

作为观赏植物栽培，是一种优良的花灌木，品种繁多，在园林绿化中应用广泛。

花侧面

果枝

嫩芽

71

陕西短柱茶

Camellia shensiensis Hung T. Chang, Tax. Gen. Camellia 39. 1981.

果枝

自然分布

产于陕西、四川、湖北。

迁地栽培形态特征

灌木，高1～2m。

茎 老枝黄褐色，小枝灰褐色，嫩枝褐色，被柔毛。

叶 革质，椭圆形，长3.5～5cm，宽2～2.5cm，先端急尖或短尾尖，基部阔楔形至近圆形，边缘具细锯齿，叶沿中脉被短毛，背面略被疏毛，侧脉在叶面凹陷，在背面突起；叶柄长3～5mm，被毛。

花 顶生兼腋生，白色，具芳香，无柄；苞片和萼片共7～8，外面近先端被柔毛，边缘具睫毛；花瓣5～6，倒卵形，长1.8～2.3cm，先端凹缺，基部近离生；雄蕊长5～8mm，外轮花丝基部不规则连生；子房被毛，花柱3，长约3mm，离生或近离生。

果 蒴果球形，直径1～1.5cm；种子褐色。

引种信息

杭州植物园 1988年引入。生长速度一般，长势一般。

物候

杭州植物园 2月下旬叶芽萌动，3月中旬展叶，4月上旬展叶盛期；11月中旬见花蕾，翌年2月上旬初花，3月上旬盛花，3月下旬落花；11月中旬果实成熟，11月下旬落果。

迁地栽培要点

适应性较好，具有较好的耐热、耐寒性，适宜种植于落叶大乔木下。对土壤要求不高，喜肥沃、排水性良好的弱酸性土壤。繁殖以播种、扦插为主。病虫害少见。

主要用途

本种叶片细小、花朵稠密、具芳香，是选育香花、密花茶花品种的理想亲本，也可作为园林绿化和榨油树种。

植株　花枝　叶正面　果实

72

茶

Camellia sinensis (L.) O. Ktze., Acta. Horti Petrop. 10: 195. 1887.

植株

自然分布

长江以南各省山区广泛分布有野生种，现今已广泛栽培。

迁地栽培形态特征

灌木或小乔木，嫩枝无毛。

茎 树皮灰褐色，幼枝褐色，无毛。

叶 革质，椭圆形或长椭圆形，长4～12cm，宽2～5cm，先端钝或短尖，基部楔形，边缘具锯齿，叶面有光泽，背面无毛或初时有柔毛，侧脉5～7对，叶柄无毛。

花 1～2朵腋生，白色，花梗长4～6mm，苞片2枚，花萼片5枚，圆形或阔卵形，无毛，宿存；花瓣5～6枚，阔卵形，基部稍连合，长1～1.5cm；雄蕊多数，长8～13mm，花丝基部连合1～2mm；子房密生白毛，花柱无毛，先端3裂。

果 蒴果3球形，径1～1.5cm，3室，每室1～2颗种子，种子球形，径0.5～1cm，褐色。

引种信息

南京中山植物园 1956年从湖南省农业科学院引种，登记号II73-006；1957年从浙江引种，登记号II94-001；2007年从云南西双版纳引种，登记号2007I-0109。

桂林植物园 1971年广西临桂引种。长势良好。

物候

南京中山植物园 3月上旬叶芽萌动，3月下旬展叶，4月中下旬展叶盛期；8月下旬花蕾，10月上旬初花，10月下旬盛花，11月中旬落花；翌年9月上旬果实成熟，9月下旬落果。

桂林植物园 3月上旬叶芽萌动，3月中旬开始展叶，3月下旬进入展叶盛期；7月上旬见花蕾，11月下旬初花，12月中旬盛花，翌年2月上旬末花；10月下旬果实成熟。

昆明植物园 10月叶芽开始萌动，12月下旬开始展叶，翌年2月上旬进入展叶盛期；11月上旬始花，12月上旬盛花，翌年2月下旬末花；11月上旬果熟。

迁地栽培要点

喜气候温暖、阳光充足环境，宜种植于土层深厚且肥沃的弱酸性土壤。可播种或扦插繁殖，若需保持良种的优良性状应采用扦插繁殖。

主要用途

叶片经加工可作饮品，含多种有益成分，具有保健功效。观赏。

果枝 花枝 花 花

73
普洱茶

Camellia sinensis (L.) Kuntze var. ***assamica*** (J.W. Masters) Kitamura, Acta Phytotax. Geobot. 14 (2): 59. 1950.

花枝

自然分布

产云南大部，贵州、广西、广东和海南也有；生于海拔100～1500m的常绿阔叶林。

迁地栽培形态特征

乔木，树高6～15m。

茎 嫩枝有微毛，顶芽有白柔毛。

叶 薄革质，椭圆形，长8～14cm，宽3.5～7.5cm，先端锐尖，基部楔形，上面干后褐绿色，略有光泽，下面浅绿色，中肋上有柔毛，其余被短柔毛，老叶变秃；侧脉8~9对，在上面明显，在下面突起，网脉在上下两面均能见，边缘有细锯齿，叶柄被柔毛。

花 腋生，直径2.5~3cm，花柄被柔毛。苞片2，早落。萼片5，近圆形，外面无毛。花瓣6~7片，倒卵形，无毛。雄蕊离生，无毛。子房3室，被茸毛；花柱先端3裂。

果 蒴果扁三角球形，3爿裂开。种子每室1个，近圆形，直径1cm。

引种信息

昆明植物园 1950年引种于云南省农业科学院花卉研究所，登录号19500095，1990年和2015年又引种自腾冲，登录号为19900034和20151060。栽培于百草园和山茶园。

物候

昆明植物园 10月下旬叶芽开始萌动，翌年2月下旬开始展叶，3月中旬进入展叶盛期；8月花芽开始萌动，10月上旬始花，10月下旬盛花，翌年1月上旬末花；5月下旬开始结果，10月果熟。

迁地栽培要点

喜半阴。

主要用途

本种多栽培，树形优美、姿态丰盈、花叶茂盛，为优良的园景和绿化的花木。为中国最普遍的做茶饮料植物之一。

果实 果枝 花枝

74

肖长尖连蕊茶

Camellia subacutissima Hung T. Chang, Tax. Gen. Camellia 143. 1981.

花枝

自然分布

产于湖南、广西。

迁地栽培形态特征

灌木，高2～3m。

茎 老枝灰褐色，嫩枝被柔毛。

叶 革质，卵状披针形，长3～5.5cm，宽1.2～2cm，先端尾状渐尖，基部圆形或阔楔形，边缘具钝锯齿，叶面沿中脉被柔毛，背面初时被长柔毛，后脱落，或沿中脉略被毛，侧脉两面不明显；叶柄长2～4mm，密被柔毛。

花 顶生兼腋生，白色，花瓣背面带红晕，具芳香；花柄长2～5mm；苞片4，两面无毛；萼片两面无毛；花瓣6～7，阔倒卵形，长1.5～2cm，先端圆或微凹，基部与雄蕊略合生；雄蕊长1.2～1.5cm，外轮花丝基部略连生；子房无毛，花柱长1.3～1.8cm，先端3深裂。

果 蒴果球形，直径1～1.2cm，内含种子1粒。

引种信息

杭州植物园 2011年从浙江台州玉环引入扦插苗（登记号11C11003-006）。生长速度快，长势良好。

物候

杭州植物园 2月中旬叶芽萌动，3月上旬展叶，3月下旬展叶盛期；11月上旬见花蕾，翌年2月下旬初花，3月中旬盛花，4月上旬落花；11月下旬果实成熟，12月上旬落果。

迁地栽培要点

抗性强，适应性好，耐寒性和耐热性均较强。生长速度快，不加修剪容易形成徒长枝。繁殖以播种、扦插为主。病虫害少见，主要有考氏白盾蚧。

主要用途

本种花瓣背面带明显的红晕，且具芳香，是一种优良的杂交亲本，可用于培育香花、密花的茶花品种。此外，树形紧凑、枝叶茂密，还可用于园林绿化。

75
全缘红山茶

别名： 全缘叶山茶

Camellia subintegra P. C. Huang ex Hung T. Chang, Tax. Gen. Camellia 83. 1981.

植株

自然分布

产于江西、湖南。

迁地栽培形态特征

灌木或小乔木，高可达8m。

茎 老枝灰褐色，嫩枝褐色，无毛。

叶 革质，披针状椭圆形至略椭圆形，长8.5～10cm，宽2～3cm，先端渐尖，基部楔形，全缘或先端具稀疏小锯齿，两面无毛，中脉两面突起。侧脉两面明显或背面不明显；叶柄长7～10mm，无毛。

花 顶生兼腋生，粉红色，无柄；苞片和萼片共9～12，外面密被柔毛，里面先端被柔毛；花瓣5～7，倒卵形，长3～5cm，先端凹缺，基部与雄蕊合生；雄蕊长2.5～3cm，外轮花丝基部连生1.5～1.8cm，无毛；子房无毛，花柱长2～2.5cm，先端3裂，无毛。

果 栽培植株蒴果未见。

引种信息

杭州植物园 2015年从恩施冬升植物开发有限责任公司引入扦插苗（登记号15C21004-058）。生长速度一般，长势一般。

物候

杭州植物园 2月中旬叶芽萌动，3月下旬展叶，4月中旬展叶盛期；10月上旬见花蕾，翌年3月上旬初花，3月中旬盛花，3月下旬落花。

迁地栽培要点

适应性一般，耐热性较差，尤其是小苗在没有上部遮阴的情况下，叶片在夏季易晒伤，严重时会造成叶片脱落。生长速度慢，繁殖以扦插为主。病虫害少见，主要有叶斑病、花腐病。

主要用途

本种最大的特点是叶片全缘，花色粉红、花大、稠密，是山茶属中比较有特色的原种，是一种比较有潜力的园林绿化树种和育种亲本。此外，本种种子含油量较高，是一种潜在的油料作物。

花正面

叶正面

76

窄叶连蕊茶

Camellia tsaii Hu, Bull. Fan Mem. Inst. Biol., Bot. 8: 132. 1938.

植株

自然分布

分布于中国云南(东南部至西南部)和中南半岛北部；生于海拔1500～2550m的常绿阔叶林下或灌丛中。

迁地栽培形态特征

常绿乔木或小乔木，树高1～6m。

茎 幼枝被短柔毛，1年生枝多少变无毛。

叶 纸质或薄革质，长圆状椭圆形或椭圆形，长5～9（～12）cm，宽2～3.5（～4.5）cm，先端长尾尖，基部楔形至阔楔形，边缘具锯齿，叶面深绿色，沿中脉被微硬毛，背面淡绿色，无毛或沿中脉有稀疏柔毛，中脉在两面突起，侧脉不显；叶柄长3～5mm，被短柔毛。

花 1～2朵腋生，花梗长5～7mm，无毛；小苞片4～5，三角状卵形或半圆形，长0.5～1.5mm，外面无毛，边缘具睫毛，宿存；花萼长3～5mm，下半部合生成杯状，萼片卵形或半圆形，具宽膜质边缘，外面无毛，边缘具睫毛，宿存；花冠基部合生；花瓣倒卵形，外面1～2片较小，先端微凹；雄蕊无毛，花丝下半部合生成管，基部与花冠贴生；子房卵形，无毛，花柱先端3浅裂。

果 蒴果球形，果皮厚约1mm；种子球形，褐色。

引种信息

昆明植物园 1964年引种于云南昭通，登录号19640002。栽植于山茶专类园，长势良好。

物候

昆明植物园 12月上旬叶芽开始萌动，翌年3月下旬开始展叶，4月下旬进入展叶盛期；1月中旬始花，2月上旬盛花，4月中旬末花；6月中旬开始结果，9月中旬果熟。

迁地栽培要点

无。

主要用途

本种属于云南乡土树种，可用于园林绿化。

枝条　枝条　花枝　果枝

77
毛枝连蕊茶

Camellia trichoclada (Rehder) S. S. Chien, Contr. Biol. Lab. Sci. Soc. China Bot. 12: 100. 1939.

花

花枝

自然分布

产于浙江、福建。

迁地栽培形态特征

灌木，高1～2m。

茎 老枝灰褐色，嫩枝红褐色，密被长柔毛。

叶 革质，卵形、长卵形或椭圆形，长1～2.4cm，宽0.4～1.2cm，先端钝，基部圆形或微心形，边缘具锯齿，叶面沿中脉被短毛，背面无毛，侧脉在叶面稍突起，在背面不明显；叶柄长约1mm，被柔毛。

花 顶生及腋生，白色；花柄长2～4mm，无毛；苞片4～5，半圆形至近圆形，两面无毛；萼片5，两面无毛，边缘具睫毛；花瓣5～6，倒卵形或卵状椭圆形，长1～1.6cm，基部连生；雄蕊长约1cm，外轮花丝基部连生约3～5mm，无毛；子房卵球形，无毛，花柱长约1cm，先端3浅裂。

果 蒴果球形，直径约1cm，内含1种子。

引种信息

杭州植物园 2016年从浙江杭州临安（种源泰顺）引入大苗（登记号16C11005-001）。生长速度一般，长势良好。

物候

杭州植物园 2月下旬叶芽萌动，3月中旬展叶，4月上旬展叶盛期；11月中旬见花蕾，2月中旬初花，3月上旬盛花，3月下旬落花；10月下旬果实成熟，10月中旬落果。

迁地栽培要点

适应性较好，具有较好的耐热、耐寒性，虽喜阳，但也具有较好的耐阴性。生长速度一般，喜肥沃、排水性良好的弱酸性土壤。繁殖以播种、扦插为主。病虫害少见。

主要用途

本种叶片细小、嫩叶红色、花叶量多、枝条细密，且耐修剪，是一种具有多重观赏特性的植物，既适合作为单独造型植物，也可作为花带等群植造型植物。

78
毛萼金屏连蕊茶

Camellia tsingpienensis Hu var. ***pubisepala*** Hung T. Chang, Tax. Gen. Camellia, 163. 1981.

花侧面

叶背面

自然分布

产于广西。

迁地栽培形态特征

灌木，高可达2m。

茎 老枝灰褐色，嫩枝被短柔毛。

叶 革质，披针形，长4.4～8cm，宽1.7～2.3cm，先端尾状渐尖，基部钝圆，边缘具钝锯齿，叶面沿中脉被毛，背面无毛，侧脉两面均不明显；叶柄长2～3mm，被柔毛。

花 顶生兼腋生，白色；花柄2～3mm；苞片3，外面被短柔毛；萼片5，披针形，外面被短柔毛；花瓣6，卵圆形，长1～1.2cm，先端圆或微凹，基部与雄蕊合生，外面被短柔毛；雄蕊长6～10mm，外轮花丝基部连生3～5mm；子房无毛，花柱长1～1.5mm，先端3浅裂。

果 栽培植株蒴果未见。

引种信息

杭州植物园 2015年从恩施冬升植物开发有限责任公司引入扦插苗（登记号15C21004-053）。生长速度中等，长势一般。

物候

杭州植物园　2月下旬叶芽萌动，3月中旬展叶，4月中旬展叶盛期；10月下旬见花蕾，翌年2月上旬初花，2月中旬盛花，3月上旬落花。

迁地栽培要点

适应性、抗性一般，不太耐高温，夏季需遮阴养护。繁殖以扦插为主。病虫害少见，主要有炭疽病、考氏白盾蚧。

主要用途

本种叶片深绿有光泽，树形紧凑，花具淡淡的清香，可用于园林绿化。

植株

枝条

79

细萼连蕊茶

Camellia tsofui S. S. Chien, Contr. Biol. Lab. Sci. Soc. China Bot. 12: 91. fig. 2. 1939.

花枝

自然分布

产于湖南、江西、四川、重庆。

迁地栽培形态特征

灌木，高1～2m。

茎 老枝灰褐色，嫩枝褐色，被粗毛。

叶 革质，卵状披针形，长3.5～6cm，宽1.5～2.8cm，先端渐尖，基部楔形至圆形，边缘具锯齿，叶面沿中脉略被短柔毛，背面初时被短柔毛，后脱落，侧脉在叶面不明显，在背面稍突起；叶柄长2～3mm，被柔毛。

花 顶生兼腋生，白色，有时初放时花瓣背面带红晕，略具芳香；花柄长5～7mm；苞片4～6，外面被柔毛，边缘具睫毛；萼片5，两面被短柔毛，边缘具睫毛；花瓣5，阔倒卵形，长1～1.5cm，先端圆，基部与雄蕊合生；雄蕊长1.5～1.8cm，外轮花丝基部连生约5mm；子房无毛，花柱长1.4～2cm，先端3浅裂。

果 蒴果圆球形，直径1.2cm。

引种信息

杭州植物园 2010年从金华市林业局引入扦插苗（登记号10C11004-001）。生长速度中等，长势良好。

物候

杭州植物园 2月中旬叶芽萌动，3月上旬展叶，3月中旬展叶盛期；11月上旬见花蕾，翌年2月下旬初花，3月上旬盛花，4月上旬落花；11月上旬果成熟，11月下旬落果。

迁地栽培要点

耐寒性和抗旱性均较强，喜肥沃、排水性良好的弱酸性土壤。繁殖以播种、扦插为主。病虫害少见，主要有考氏白盾蚧。

主要用途

本种花朵稠密且略带芳香，树形紧凑，可在园林绿化中当绿篱植物配置。

植株　果实　幼叶　叶背面

80
单体红山茶

Camellia uraku (Mak.) Kitamura, Acta Phytotax. et Geobot. Kyota 14 (4): 117. 1952.

植株

自然分布

原产日本，多栽培供观赏，我国有栽培。

迁地栽培形态特征

小乔木。

茎 幼枝绿色，或带有红晕，光滑，老枝和树皮灰色。

叶 革质，椭圆形或长圆形，长6~9cm，宽3~4cm，先端短急尖或渐尖，基部楔形，有时近于圆形，上面发亮，无毛，侧脉约7对，边缘有细锯齿，叶柄长约1cm。

花 粉红色或白色，顶生，无柄，花瓣7片，花直径4~6cm；苞片及萼片8~9片，阔倒卵圆形，长4~15mm，有微毛；雄蕊3~4轮，长1.5~2cm，外轮花丝连成短管，无毛；子房有毛，3室，花柱长2cm，先端3浅裂。花谢时整个花瓣连在一起脱落。

果 蒴果球形，扁球形，成熟时侧裂开。

引种信息

武汉植物园 引种信息不详。

物候

武汉植物园 3月下旬叶芽萌动，4月中旬展叶，4月下旬展叶盛期；11月上旬见花蕾，11月下旬初花，12月中旬盛花，翌年1月下旬落花；10月上旬果实成熟，10月下旬落果。

迁地栽培要点

无。

主要用途

观赏。

果实 花朵 幼果 花枝 芽苞

81
越南油茶

Camellia vietnamensis T. C. Huang ex Hu, Acta Phytotax. Sin. 10: 138. 1965.

嫩芽

自然分布

主要产广西柳州及陆川一带。

迁地栽培形态特征

灌木至小乔木。

茎 幼枝绿色，被短柔毛，树皮及老枝深灰色，老枝上存未褪干净的短毛。

叶 革质，长圆形或椭圆形，有时卵形或倒卵形，长5~12cm，宽2~5cm，先端急锐尖，基部楔形或略圆，上面干后发亮，下面有疏毛，叶片沿中脉上折，侧脉10~11对，在上面无明显陷下，在下面可摸出明显的侧脉，两面多小瘤状突起，边缘有锯齿，叶柄长约1cm，略有短毛。

花 顶生，近无柄；苞片及萼片9片，阔卵形，由外向内逐渐增大，长6~23mm，宽4~18mm，先端凹入，背面无毛，边缘有睫毛；花瓣5~7片，倒卵形，长4.5~6cm，宽3~4.5cm，先端2裂；雄蕊排成4~5轮，长12~17mm，外轮花丝基部1~2mm相连生，内轮花丝分离，无毛；子房有长绵毛，花柱3~5，离生或先端3~5裂，有微毛。

果 蒴果球形，扁球形或长圆形，长4～5cm，宽4～6cm，3～5片裂开，果皮厚5～9mm，外面有毛，中轴长3.5cm；种子6～15粒，长2cm。

引种信息

武汉植物园 引种信息不详。

物候

武汉植物园 3月上旬叶芽萌动，4月上旬展叶，4月中旬展叶盛期；11月上旬见花蕾，12月上旬初花，12月中旬盛花，翌年1月中旬落花；11月上旬果实成熟，11月下旬落果。

迁地栽培要点

喜温暖湿润气候，适应性强，能耐较瘠薄的土壤。

主要用途

种子含油率高，油料植物；花大而白，叶翠绿，观赏植物。

果实
叶芽
花枝
花枝

82
长毛红山茶

Camellia villosa Hung T. Chang et S. Ye Liang, Tax. Gen. Camellia 60. 1981.

自然分布

产于贵州、湖南、广西。

迁地栽培形态特征

灌木或小乔木，高可达4m。

茎 老枝灰褐色，嫩枝红褐色，无毛。

叶 革质，长圆形或椭圆形，长6.5~8cm，宽2.3~3.5cm，先端急尖，基部圆形至楔形，边缘具尖锐锯齿，叶面无毛，背面被长柔毛，中脉和侧脉在叶面凹陷，在背面突起；叶柄长6~10mm，背面被毛。

花 顶生，红色；苞片和萼片共14，卵圆形，外面被柔毛；花瓣7~8，倒卵形，长3~3.4cm，先端圆或略凹缺，外面有柔毛，基部与雄蕊合生；雄蕊长2~2.5cm，外轮花丝基部连生，被毛；子房被毛，花柱长约1.5cm，先端3浅裂。

果 栽培植株蒴果未见。

引种信息

杭州植物园 2014年从湖南长沙湖南省森林植物园引入扦插苗（登记号14C22001-037）。生长速度快，长势优。

物候

杭州植物园 2月中旬叶芽萌动，3月中旬展叶，4月上旬展叶盛期；10月上旬见花蕾，3月上旬初花，3月中旬盛花，4月上旬落花。

迁地栽培要点

抗性强，适应性好，耐寒性和耐热性均较强，大苗夏季可不用遮阴，喜肥沃、排水性良好的弱酸性土壤。繁殖以扦插为主。病虫害少见。

主要用途

本种花色正红、花朵稠密，树形紧凑，枝叶茂盛，抗性强，在粗放养护下仍能健康生长，是一种优良的园林绿化树种。

花

叶背面

叶正面

83

武鸣金花茶

Camellia wumingensis S. Ye Liang et C. R. Fu, J. Wuhan Bot. Res. 3 (2): 132. 1985.

自然分布

产广西武鸣；生于石灰岩钙质土常绿阔叶林中，海拔190～370m。

迁地栽培形态特征

常绿灌木，高1～3m。

茎 树皮灰褐色至黄褐色；嫩枝圆柱形，暗红色，老枝灰白色或黄褐色，无毛。

叶 嫩叶淡绿色，有时红褐色，老叶革质或近革质，椭圆形或长椭圆形，长10.5～13.5cm，宽3.2～5cm，先端渐尖，基部阔楔形或圆形，上面深绿色，下面浅绿色，无毛；侧脉7～9对，在下面稍突起，边缘有锯齿；叶柄长1～1.3cm，绿色，无毛。

花 常单生，稀2～3朵簇生，成顶生或腋生，花径3.5～4.5cm，黄色；花梗长5～10mm，苞片4～6片，半圆形，长3～5mm，萼片5片，卵形或近圆形，长5～9mm，边缘均具灰白色小睫毛；花瓣8～10片，宽卵形或椭圆形，长1.2～3.3cm，宽1.1～2.3cm；雄蕊多数，成4～5轮排列，花丝长1～1.3cm，无毛，外轮花丝基部与花瓣连生，内轮花丝离生；子房近球形，3室，稀4室，直径3～4mm，无毛；花柱长1.5～1.7cm，无毛，在上部3或4裂，深达1/2或1/3，在基部合生，偶有少数花柱完全分离。

果 蒴果扁球形，成熟时黄绿色或带淡紫红色，高1.2～2cm，直径2.5～4cm，无毛，通常3室，稀4室，果皮厚3～5mm；每室有种子1～2粒，近球形或半圆形，淡褐色，无毛。

引种信息

桂林植物园 2015年从广西武鸣引种。长势良好。

物候

昆明植物园 12月上旬叶芽萌动，翌年2月下旬开始展叶，3月中旬进入展叶盛期；11月上旬始花，12月上旬盛花，翌年1月上旬末花；果未见。

桂林植物园 10月上旬叶芽萌动，10月下旬开始展叶，11月上旬进入展叶盛期；6月上旬见花蕾，12月上旬初花，翌年1月上旬盛花，2月中旬末花；11月果实成熟。

迁地栽培要点

喜温暖湿润的环境条件，忌阳光直射，稍耐低温，引种到桂林后能正常开花结果。可采用种子繁殖、扦插繁殖和高压繁殖。在肥力中等的酸性土上长势良好。

主要用途

该种花朵黄色，花型较大，具有较高的观赏价值。民间用其花和叶来泡茶饮。

植株
叶背面
叶正面
花侧面
花枝

84

攸县油茶

Camellia yuhsienensis Hu, Acta Phytotax. Sin. 10: 139. 1965.

植株

自然分布

产于湖南、湖北、江西、广东、陕西。

迁地栽培形态特征

灌木或小乔木，高可达3m。

茎 老枝灰褐色至黄褐色，嫩枝褐色，初被疏柔毛，后脱落。

叶 革质，椭圆形至阔椭圆形，长7～10.5cm，宽3.4～4.5cm，先端急尖至渐尖，基部圆形，边缘具锯齿，两面沿中脉略被毛或无毛，背面具腺点，侧脉在叶面凹陷，在背面稍突起；叶柄长8～11mm，略被柔毛或无毛。

花 顶生兼腋生，白色，具芳香，无花柄；苞片和萼片共8～11，外面先端被长柔毛，里面无毛；花瓣5～7，偶见8～11，倒卵形至倒心形，长3～5cm，先端凹缺，基部离生或与雄蕊略合生；雄蕊长1.2～1.5cm，外轮花丝基部连生；子房被毛，花柱长5～7mm，先端3裂。

果 蒴果圆球形，直径1.4~2.5cm，黄绿色，表面粗糙。种子深褐色。

引种信息

杭州植物园 1977年从中国林业科学研究院亚热带林业研究所引入种子（登记号77C11021S-2）。生长速度快，长势优。

物候

杭州植物园 2月下旬叶芽萌动，3月中旬展叶，4月上旬展叶盛期；7月下旬见花蕾，翌年1月中旬初花，3月上旬盛花，4月上旬落花；11月上旬果实成熟，11月中旬落果。

迁地栽培要点

抗性强，适应性好，耐寒性和耐热性均较强，耐日晒，对土壤要求不高，耐瘠薄，喜排水性良好的弱酸性土壤。繁殖以播种、扦插为主。病虫害少见。

主要用途

本种坐果率高，种子含油量高，产油品质好，是一种优良的食用油料作物，在原产地已被广泛种植。此外，本种株形紧凑，开花量大，花朵芳香浓郁，是一种优良的园林绿化树种和培育香花品种的理想亲本。

85

猴子木

Camellia yunnanensis (Pitard ex Diels) Cohen-Stuart, Meded. Proefstat. Thee 40: 68. 1916.

果枝

自然分布

产自云南、四川西南部；生于海拔（1960～）2300～2850m的林下或林缘灌丛之中。

迁地栽培形态特征

灌木或小乔木，树高（1～）2～5（～7.5）m。

茎 幼枝被灰黄色柔毛，1年生枝变无毛，紫褐色，树皮红棕色，光滑。

叶 薄革质或纸质，通常卵形或阔卵形，少有椭圆形或长圆状椭圆形，长4～6.5（～8）cm，宽2～3.5（～4）cm，先端短渐尖，基部阔楔形至圆形，边缘具尖锐细锯齿，叶面深绿色，无光泽，中脉上被微硬毛，背面淡绿色，沿中脉被柔毛，侧脉5～7对，两面突起；叶柄被柔毛。

花 单生小枝顶端，白色，径4～6cm，宽1.5～3cm；无花梗；小苞片和萼片9～11枚，卵形或卵圆形，革质，具宽膜质边缘，外面无毛，里面被白色细绢毛，宿存；花瓣8～12枚，阔倒卵形，先端圆形，基部略联合；雄蕊多数，无毛，外轮花丝基部合生；子房扁球形，无毛，5室，心皮先端多少分离，花柱5，离生，无毛。

果 蒴果球形或扁球形，径4～6cm，5室，成熟后紫红色或变褐色，先端具5个隆起的钝角，中央凹陷，表面呈皱波状突起；种子褐色，被棕色柔毛或变无毛。

引种信息

昆明植物园 引种自云南禄劝。栽培于濒危植物园和山茶园。

物候

昆明植物园 10月下旬叶芽萌动，翌年2月上旬开始展叶，3月上旬进入展叶盛期；8月上旬花芽萌动，12月中旬始花，翌年2月下旬盛花，3月中旬末花；4月下旬结果初期，10月果熟。

迁地栽培要点

无。

主要用途

本种多栽培，树形优美、姿态丰盈、花叶茂盛，为优良的园景和绿化的花木。

植株
果枝
花枝
花

86
毛果猴子木

Camellia yunnanensis (Pitard ex Diels) Cohen-Stuart var. ***camellioides*** (Hu) T. L. Ming, Acta Bot. Yunnan. 21: 155. 1999.

植株

自然分布

产自云南、四川西南部；生于海拔2100～2700m的林下或林缘灌丛之中。

迁地栽培形态特征

灌木或小乔木，树高1.5～5（～7.5）m。

茎 幼枝被灰黄色柔毛，1年生枝变无毛，褐红色。

叶 薄革质或纸质，卵形或阔卵形，少有椭圆形或长圆形，长4～6.5（～8）cm，宽2～3.5（～4）cm，先端短渐尖，基部阔楔形至圆形，边缘具尖锐细锯齿，上面无光泽，中脉上被微硬毛，下面沿中脉被柔毛；叶柄被柔毛。

花 单生小枝顶端，白色，径4～6cm，宽1.5～3cm；无花梗；小苞片和萼片9～11枚，卵形或卵圆形，革质，具宽膜质边缘，外面无毛，里面被白色细绢毛，宿存；花瓣8~12枚，阔倒卵形，先端圆形，基部略联合；雄蕊无毛，外轮花丝基部合生；子房扁球形，子房密被茸毛或至少子房下部至基部被毛，5室，心皮先端多少分离，花柱5，离生，无毛。

果 蒴果球形或扁球形，无毛，5室，成熟后紫红色或变褐色，先端具5个隆起的钝角，中央凹陷，表面呈皱波状突起；种子褐色，被棕色柔毛或变无毛。

引种信息

昆明植物园 生长速度中等，长势良好，栽培于山茶园。

物候

昆明植物园 10月下旬叶芽萌动，翌年2月上旬开始展叶，3月上旬进入展叶盛期；8月上旬花芽萌动，12月下旬始花，翌年2月上旬盛花，3月上旬末花；4月中旬开始结果，9月果熟。

迁地栽培要点

喜阴，耐干旱瘠薄土壤。

主要用途

本种多栽培，树形优美、姿态丰盈、花叶茂盛，为优良的园景和绿化的花木。

果枝　花正面　花

红淡比属

Cleyera Thunb., Nov. Gen. 3: 69. 1783.

小乔木或灌木。嫩枝和顶芽均无毛，极稀被疏毛，常具棱。叶互生，常绿，叶形种种，全缘或有时有锯齿，具叶柄。花两性，白色，较小，单生或2～3朵簇生于叶腋，花梗长或短，顶端稍粗壮；苞片2，细小，着生于花梗近顶端，紧贴在萼片之下；萼片5，覆瓦状排列，基部稍合生，边缘常具纤毛，宿存；花瓣5，覆瓦状排列，基部稍合生，花后略反卷；雄蕊25～30枚，离生，花药疏被丝毛；子房2～3室，无毛，胚珠每室8～16枚，花柱长，合生，顶端2～3浅裂，柱头小。果为浆果状，圆球形或长卵形，花萼宿存；种子少数，胚乳薄，胚弯曲。

约24种，分布于亚洲东南部及中美洲的墨西哥和安的列斯群岛等地。中国有9种；广布于长江流域以南各地，主要种类在广东、广西。

本属和杨桐属（*Adinandra*）很近似，但后者的嫩枝、顶芽均被毛以及雄蕊、子房室数和胚珠等均较多，易于区别。

红淡比属分种检索表

1（2）叶片下面无暗红褐色腺点，叶椭圆形或狭圆形，长10～15cm，宽4～6cm，顶端急短尖，尖头钝；果梗长达3cm ……………… 87. **大花红淡比*C. japonica* var. *wallichiana***

2（1）叶片下面被暗红褐色腺点，叶厚革质，长圆形，长8～14cm，宽3.5～6cm，顶端钝短钝尖，果梗长1～1.8cm ……………… 88. **厚叶红淡比*C. pachyphylla***

87
大花红淡比

Cleyera japonica Thunb. var. ***wallichiana*** (DC.) Sealy, Bot. Mag. 163: t. 9606. 1940.

花枝

自然分布

分布于四川雷波、峨眉山，重庆武隆，云南腾冲、澜沧江、贡山、怒江、景东、嵩明及西藏墨脱等地；多生于海拔1600~2000m的山地阔叶林或针叶林中。印度东北部、尼泊尔、缅甸也有分布。

迁地栽培形态特征

常绿乔木或小乔木，树高6~15m。

茎 树皮灰褐色，顶芽大，长锥形，无毛；嫩枝褐色或被灰黄色柔毛，略具二棱，小枝灰褐色，圆柱形，1年生枝变无毛，紫色。

叶 革质，椭圆形或长圆形，长6~10（~15）cm，宽2.5~4.5（~7）cm，先端急尖至短渐尖，基部圆形，边缘具锯齿，叶面绿色，无毛，有光泽，背面黄绿色，疏生柔毛或变无毛，沿中脉毛被显著，中脉紫红色，侧脉10~12对，和网脉在叶面微凹，背面突起；叶柄长1~1.5cm，具翅，宽约3mm，被灰色柔毛。

花 单生叶腋，径约3cm；花梗长8~10mm，被灰白色平伏柔毛；小苞片椭圆形，长5~7.5mm，宽3~3.5mm，被平伏柔毛，宿存；萼片长卵形，叶状，长1~1.5cm，宽7~10mm，先端急尖，边缘具锯齿，紫红色，具脉纹，两面被白色绢毛；花瓣阔倒卵形或近圆形，长1.5~1.8cm，宽1~1.3cm，先端圆形，外面下半部被白色绢毛；雄蕊长7~9mm，无毛，花丝下半部合生成管；子房卵形，长3~4mm，无毛，花柱长约5mm。

果 蒴果长卵形，长1.5~2cm，径1~1.5cm，褐色，5室，每室有种子4枚，退化中轴长约5mm；种子倒卵形，多少压扁，呈双凸镜状，长约5mm，宽约3.5mm，周边具狭翅。

引种信息

昆明植物园 生长速度中等，长势较好，栽植于山茶园。

峨眉山生物站 2005年从四川峨眉山引种，引种号05-0040-EM。

物候

昆明植物园 3月下旬叶芽萌动，4月中旬开始展叶，5月上旬进入展叶盛期；3月上旬花芽萌动，5月下旬始花，6月上旬盛花，7月上旬末花。

峨眉山生物站 3月中上旬叶芽萌动，3月下旬展叶，4月展叶盛期；4月中旬见花蕾，4月下旬初花，5月中下旬盛花，6月上旬落花；6月上旬初果，后果落，未见成熟果。

迁地栽培要点

耐阴，适应性强，种子或扦插繁殖。

主要用途

本种树形优美，可作为绿化观赏树种，木材细致，可制小型加工品。

88
厚叶红淡比

Cleyera pachyphylla Chun ex Hung T. Chang, Acta Sci. Nat. Univ. Sunyatseni 1959 (2): 29. 1959.

自然分布

产于浙江、江西、福建、湖南、广东、广西。

迁地栽培形态特征

灌木或小乔木，高2.5~4m。

茎 老枝灰褐色，嫩枝初时绿色后变为黄褐色，具2棱，无毛。

叶 革质，长椭圆形、卵状长椭圆形或倒卵状长椭圆形，长5.5~13.4cm，宽4~7cm，先端钝尖或短钝尖，基部阔楔形至近圆形，全缘，有时边缘疏生锯齿，两面无毛，背面疏生腺点，中脉在叶面稍凹陷，在背面突起，侧脉20~28对，两面突起或在背面稍突起；叶柄长1.5~2cm，无毛。

花 1~3朵腋生，花梗长8~15mm；苞片2，阔卵形，长约2mm，早落；萼片5，卵状长圆形或长圆形，质厚，长4~8mm，宽2.5~5mm，顶端圆或近圆形，有小尖头，边缘有纤毛；花瓣5，椭圆状长圆形或椭圆状倒卵形，长10~12mm，宽约6mm；雄蕊25~27枚，长约8mm，花药长圆形，长约2mm，有丝毛，花丝无毛；子房圆球形，无毛，2~3室，胚珠每室5~7个，花柱长约9mm，顶端2~3裂。

果 果实圆球形，成熟时黑色，直径8~10mm，果梗长1~1.8cm；宿存萼片卵状长圆形，长比宽大；种子深褐色，扁圆形，直径约2mm。

引种信息

杭州植物园 2001年从浙江丽水龙泉凤阳山自然保护区引入实生苗（登记号01C11005-088）。生长速度一般，长势一般。

昆明植物园 生长速度中等，长势一般，栽植于裸子植物区。

桂林植物园 1971年从湖南新宁引种。长势良好。

物候

杭州植物园 3月上旬叶芽萌动，4月上旬展叶，4月下旬展叶盛期。

昆明植物园 2月上旬叶芽开始萌动，3月中旬开始展叶，4月上旬进入展叶盛期；4月中旬花芽开始萌动，5月下旬始花，6月上旬盛花，6月下旬末花；6月中旬开始结果，11月果实成熟。

桂林植物园 3月中旬叶芽萌动，3月下旬开始展叶，4月上旬进入展叶盛期；未见开花结果。

迁地栽培要点

喜湿润温暖的环境，耐阴性强，耐热性一般，夏季养护需遮阴。繁殖以播种为主。病虫害少见，主要有炭疽病。

主要用途

本种花色素雅且具芳香，可用于园林绿化。

植株
花枝
花枝
叶正面
叶背面

柃木属

Eurya Thunb., Nov. Gen. Pl. 3: 67. 1783.

常绿灌木或小乔木，稀为大乔木；冬芽裸露；嫩枝圆柱形或具2～4棱，被披散柔毛、短柔毛、微毛或无毛。叶革质至几膜质，互生，排成二列，边缘具齿，稀全缘；通常具柄。花较小，1至数朵簇生于叶腋或生于无叶小枝的叶痕腋，具短梗；单性，雌雄异株。雄花：小苞片2，紧接于萼片之下，互生；萼片5，覆瓦状排列，常不等大，膜质、革质或坚革质，宿存；花瓣5，膜质，基部合生；雄蕊5～35枚，排成一轮，花丝无毛，与花瓣基部相连或几分离，花药长圆形或卵状长圆形，基部着生，花药2室，具2～9分格或不具分格，药隔顶端具小尖头，稀圆形，退化子房常显著，被毛或无毛。雌花：无退化雄蕊，稀可具1～5枚退化雄蕊；子房上位，2～5室，被毛或无毛，中轴胎座，胚珠每室3～60个，着生于心皮内角的胎座上，花柱5～2枚，分离或呈不同程度的结合，顶端5～2裂，柱头线形。浆果圆球形至卵形；种子每室2～60个，种皮黑褐色，具细蜂窝状网纹；胚乳肉质；胚弯曲。

约130种，分布于亚洲热带和亚热带地区及西南太平洋各岛屿。我国有83种，分布于长江以南各地，个别种类可达秦岭南坡，多数种类分布于广东、广西及云南等地。本书收录迁地栽培8种。

柃木属分种检索表

1（8）花药具分格；子房被柔毛或无毛。

2（3）子房和果实均被柔毛……89. **尖萼毛柃*E. acutisepala***

3（2）子房和果实均无毛。

4（5）花柱长2～3mm，嫩枝具2～4棱。叶长圆形或倒卵状披针形，侧脉在上面凸起……96. **四角柃*E. tetragonoclada***

5（4）花柱长1～2mm；嫩枝圆柱形。

6（7）嫩枝和顶芽完全无毛……93. **格药柃*E. muricate***

7（6）嫩枝和顶芽均被短柔毛……91. **滨柃*E. emarginata***

8（1）花药不具分格；子房无毛。

9（10）花柱长（1.5）2～4mm，叶倒卵形或倒卵状椭圆形，长3～6cm，边缘具疏锯齿，花柱1.5mm……92. **柃木*E. japonica***

10（9）花柱长0.5～1mm。

11（14）萼片坚革质，褐色或枯褐色。

12（13）花柱分离……94. **矩圆叶柃*E. oblonga***

13（12）花柱3浅裂……95. **窄基红褐柃*E. rubiginosa* var. *attenuata***

14（11）萼片膜质或近膜质，干后淡绿色或黄绿色，嫩枝具4棱，无毛，侧脉在上面凹下……90. **翅柃*E. alata***

89

尖萼毛柃

Eurya acutisepala Hu et L. K. Ling, Act. Phytotax. Sin. 11: 291. 1966.

花苞

自然分布

产于浙江、江西、福建、广东、广西、贵州、湖南、云南。

迁地栽培形态特征

灌木或小乔木，高2～7m。

茎 老枝褐色，具黄褐色皮孔，嫩枝绿色后变为黄绿色，圆柱形，密被短柔毛。

叶 薄革质，长圆形或倒披针状长圆形，长6～8.5cm，宽1.4～2cm，先端长渐尖，基部阔楔形或楔形，边缘具细锯齿，叶面无毛，背面初时疏被短柔毛，中脉在叶面凹陷，背面突起，侧脉在叶面不明显，在背面明显；叶柄长2～3.5mm，上面无毛，下面被短柔毛。

花 2～3朵腋生，白色；花柄长1.5～2.2mm，疏被短柔毛；雄花较大，苞片2，卵形；萼片5，卵形至长卵形，无毛；花瓣5，倒卵状长圆形，长3.5～4mm；雄蕊约15，花药具分格；退化子房密被柔毛。雌花较小，苞片、萼片与雄花相似，但萼片较小；花瓣5，窄椭圆形，长约2.5～3mm；子房密被柔毛，花柱长2.2～2.8mm，顶端3裂。

果 卵状椭圆形，长约4～4.5mm，直径3.5～4mm，疏被柔毛，成熟时紫黑色。

引种信息

杭州植物园　2014年从浙江丽水庆元引入实生苗（登记号14C11005-003）。生长速度一般，长势优。

物候

杭州植物园　2月上旬叶芽萌动，3月下旬展叶，4月中旬展叶盛期；7月中旬见花蕾，12月上旬初花，12月下旬盛花，翌年1月上旬落花；8月下旬果实成熟，9月上旬落果。

迁地栽培要点

喜湿润，耐阴，耐修剪，萌芽成枝能力强，适合种植于落叶大乔木下或林缘。繁殖以播种为主。病虫害少见。

主要用途

枝干密集，可供观花，观果，可用于园林植物配置，花坛栽培或盆栽观赏等。

植株　叶背面　花　叶正面

90

翅柃

Eurya alata Kobuski, Journ. Arn. Arb. 20: 361. 1939.

自然分布

广泛分布于陕西南部、安徽南部、浙江南部和西部、江西东部、福建、湖北西部、湖南南部和西北部、广东北部、广西北部、四川东部及贵州东部等地。

迁地栽培形态特征

灌木，高1~3m。

茎 树皮灰色，小枝绿色，常具明显4棱，全株无毛。

叶 革质，长圆形或椭圆形，长4~7.5cm，宽1.5~2.5cm，顶端窄缩呈短尖，尖头钝，或偶有为长渐尖，基部楔形，边缘密生细锯齿，上面深绿色，有光泽，下面黄绿色，中脉在上面凹下，下面凸起，侧脉6~8对，在上面不甚明显，偶有稍凹下，在下面通常略隆起；叶柄长约4mm。顶芽披针形，渐尖，长5~8mm，无毛。

花 1~3朵簇生于叶腋，花梗长2~3mm，无毛。雄花：小苞片2，卵圆形；萼片5，膜质或近膜质，卵圆形，长约2mm，顶端钝；花瓣5，白色，倒卵状长圆形，长3～3.5mm，基部合生；雄蕊约15枚，花药不具分格，退化子房无毛。雌花的小苞片和萼片与雄花同；花瓣5，长圆形，长约2.5mm；子房圆球形，3室，无毛，花柱长约1.5mm，顶端3浅裂。

果 圆球形，直径约4mm，成熟时蓝黑色。

引种信息

武汉植物园 引种信息不详。

物候

武汉植物园 3月上旬叶芽萌动，4月上旬展叶，4月中旬展叶盛期；5月下旬见花蕾，11月下旬初花，12月上旬盛花，12月中旬落花；4月中旬果实成熟，5月中旬落果。

迁地栽培要点

无。

主要用途

用于茶叶制品。观赏。

枝条　嫩叶　枝条　芽

91
滨柃

Eurya emarginata (Thunb.) Makino, Bot. Mag. Tokyo 18: 19. 1904.

花枝

自然分布

产于浙江、福建、台湾。

迁地栽培形态特征

灌木，高1~2m。

茎 老枝灰褐色，具黄褐色皮孔，嫩枝红棕色，具2棱，密被短柔毛。

叶 革质，倒卵形至椭圆状倒卵形，长1.8~2.8cm，宽1~1.3cm，先端钝圆具微凹，基部楔形，边缘具细锯齿，两面无毛，叶脉在叶面凹陷，背面突起；叶柄长2~2.5mm，无毛。

花 1~2朵腋生，白色；花柄长约2mm；雄花苞片2，近圆形；萼片5，近圆形，无毛；花瓣5，倒卵形，长3~3.5mm，基部合生；雄蕊约20，花药具分格；退化子房无毛。雌花苞片和萼片与雄花相似；花瓣5，卵形，长2.8~3.2mm；子房无毛，花柱长1~1.2mm，顶端3裂。

果 球形，直径3~4mm，成熟时黑色。

引种信息

杭州植物园 2012年从浙江舟山普陀引入实生苗。生长速度快，长势优。

物候

杭州植物园 2月上旬叶芽萌动，3月下旬展叶，4月中旬展叶盛期；7月上旬见花蕾，11月上旬初花，11月下旬盛花，翌年1月上旬落花；8月下旬果实成熟，9月上旬落果。

迁地栽培要点

耐阴、耐瘠薄、耐干旱、抗风性强，能耐一定程度的盐碱。适宜于中国东南沿海和亚热带地区生长。繁殖以播种和扦插为主。病虫害少见。

主要用途

株形直立，耐修剪、耐粗放养护，可作绿篱，为优良的色块、矮篱、盆景和沿海地带绿化观赏树种。

枝条
花枝
果枝
植株

92
柃木

Eurya japonica Thunb., Nov. Gen. Pl. 68. 1783.

果枝

自然分布

产华南各地；多生于滨海山地及山坡路旁或溪谷边灌丛中。

迁地栽培形态特征

灌木，高1~3.5m，全株无毛。

茎 嫩枝黄绿色或淡褐色，具2棱，小枝灰褐色或褐色，顶芽披针形，长4~8mm，无毛。

叶 厚革质或革质，倒卵形、倒卵状椭圆形至长圆状椭圆形，长3~7cm，宽1.5~3cm，顶端钝或近圆形，有时急尖而尖顶钝，有微凹，基部楔形，边缘具疏的钝齿，上面深绿色，有光泽，下面淡绿色，两面无毛，中脉上面凹下，下面凸起，侧脉5~7对；叶柄长2~3mm，无毛。

花 1~3朵腋生，花梗长约2mm。雄花：小苞片2，近圆形，长约0.5mm，无毛，萼片5，卵圆形或近圆形，顶端圆，有小突尖，无毛；花瓣5，白色，长圆状倒卵形，长约4mm，雄蕊12~15枚，花药不具分格，退化子房无毛。雌花：小苞片2，近圆形，极微小；萼片5，卵形，长约1.5mm；花瓣5，长圆形，长约2.5～3mm；子房圆球形，无毛，3室，花柱长约1.5mm，顶端3浅裂。

果 圆球形，无毛，宿存花柱长1～1.5mm，顶端3浅裂。

引种信息

桂林植物园 1958年从桂林周边引种。长势良好。

物候

桂林植物园 3月上旬叶芽萌动，3月中旬开始展叶，4月上旬进入展叶盛期；7月中旬至8月下旬还能进行第二次抽梢；10月中旬见花蕾，翌年1月上旬初花，1月下旬盛花，2月上旬末花；7月中旬果实成熟。

迁地栽培要点

适应性较强，稍耐阴，适于肥力中等以上、疏松湿润而排水良好的酸性壤土上生长。可采用种子繁殖和扦插繁殖。

主要用途

可植为绿篱或于草地边缘种植，也可切枝供插花之用。蜜原植物，枝叶可供药用，有清热、消肿的功效。

植株
叶背面和花苞
花枝

93
格药柃

Eurya muricata Dunn, Journ. Bot. 48: 324. 1910.

植株

自然分布

产于江苏、安徽、浙江、江西、福建、广东、香港、湖北、湖南东部和南部、四川及贵州等地；多生于海拔350～1300m的山坡林中或林缘灌丛中。

迁地栽培形态特征

灌木或小乔木，高2～6m。

茎 树皮灰褐色，平滑，小枝浅褐色，嫩枝黄绿色，均无毛。

叶 革质，略厚，长椭圆形，长5～12cm，宽2～4cm，先端渐尖，基部楔形，边缘具细锯齿，叶面深绿色，有光泽，背面淡绿色或黄绿色，两面均无毛，叶面的中脉凹陷，叶背的中脉凸起，侧脉和网脉于叶面不明显，于叶背可见。

花 1~5朵簇生叶腋，花梗长1~1.5mm，小苞片2枚，近圆形，萼片5枚,革质，近圆形。雄花花瓣5枚，白色，长圆形或长圆状倒卵形，长4~5mm，雄蕊15~20，花药具多分格。雌花花瓣5枚，白色，卵状披针形，长约3mm。子房圆球形，3室，无毛，花柱长约1.5mm，顶端3裂。

果 圆球形，径4~5mm，成熟时黑紫色，成熟时紫黑色，种子圆肾形，稍扁，红褐色，有光泽，表面具密网纹。

引种信息

南京中山植物园 2012年从宁波市场购买种苗，来源地不详。

物候

南京中山植物园 1月下旬叶芽萌动，3月上中旬展叶，4月上旬展叶盛期；10月下旬见花蕾，11月中下旬初花，12月上旬盛花，翌年1月中旬落花；8月中旬果实成熟，9月中下旬落果。

迁地栽培要点

耐半阴环境，较耐寒。可播种或扦插繁殖。

主要用途

本种冬季开花，花果密集，形态可爱，可作园林观赏植物。树皮含鞣质，可提取烤胶。花粉丰富，也可做蜜源植物。

枝条

枝条

花枝

果枝

94
矩圆叶柃

Eurya oblonga Y. C. Yang, Contr. Biol. Lab. Sci. Soc. China, Bot. Ser.12: 133. 1941.

叶背面

叶正面

自然分布

产广西、四川中部、贵州北部及云南东南部至东北部等地。

迁地栽培形态特征

灌木或小乔木，高2~8m。

茎 树皮深灰色，嫩稚淡褐色，具2棱，小枝略呈圆柱形，淡黄灰色或灰褐色；顶芽披针形，渐尖，无毛。

叶 革质，长圆形，有时为长圆状披针形或长圆状椭圆形，长6~13.5cm，宽2.5~4cm，顶端渐尖至尾状渐尖，尖顶常有微凹，尾长约1cm，基部楔形或近圆形，边缘密生细锯齿，上面深绿色，有光泽，偶有金黄色腺点，下面淡绿色或干后变为红褐色，有光泽，中脉在上面凹下，下面凸起，侧脉8~14对，在上面稍微凹下，下面明显凸起；叶柄长5~10mm。

花 1~3朵腋生，白色，花梗长1~1.5mm，无毛；雄花：小苞片2枚，圆形，较细小，长约1mm，萼片5枚，近革质，圆形，长2.5~3mm，顶端圆而有微凹，无毛；花瓣5枚，长圆状倒卵形，长4~5mm；雄蕊13~15枚，花药不具分格，退化子房无毛；雌花的小苞片和萼片与雄花同，但较小，花瓣5枚，长圆形或倒卵形，长约3.5mm，子房圆球形，3室，无毛，花柱长约1mm，3深裂几达基部，稀为4深裂。

果 圆球形，有时稍扁，直径5~6mm，成熟时黑色。

引种信息

峨眉山生物站　1985年10月1日从四川峨眉山引种，引种编号：85-0481-01-EMS。

物候

峨眉山生物站 2月中旬叶芽萌动，3月上旬展叶，3月下旬展叶盛期；1月下旬见花蕾，2月上旬初花，3月上旬盛花，3月下旬落花；9月下旬果实成熟。

迁地栽培要点

耐干旱贫瘠，种子播种繁殖。

主要用途

野生资源日益枯竭，可做绿篱树种，枝叶入药，果实可做染料。

植株　果实　花

95
窄基红褐柃

Eurya rubiginosa Hung T. Chang var. ***attenuata*** Hung T. Chang, Act. Phytotax. Sin. 3: 46. 1954.

植株

自然分布

产于安徽、福建、广东、广西、湖南、江苏、江西、云南、浙江。

迁地栽培形态特征

灌木，高可达3m。

茎 树皮灰白色，嫩枝黄绿色，具明显的2棱，小枝灰褐色，也具2棱。

叶 革质，长圆状披针形，长3.5～6.5cm，宽1.5～2.5cm，先端急尖或渐尖，基部楔形，边缘具锯齿，两面无毛，中脉在叶面稍凹陷，在背面突起，侧脉两面明显；叶柄长2~4mm。

花 雄花2~3朵腋生，白色；花柄长约1~1.5mm；苞片2，细小，卵圆形；萼片5，近圆形，先端圆形，微凹，外面被短柔毛；花瓣5，倒卵形，长3~4mm；雄蕊15，花药不具分格；退化子房无毛。栽培植株雌花未见。

果 栽植植株果实未见。

引种信息

杭州植物园 1957年从浙江杭州临安引入（登记号00C11002U95-1862）。生长速度一般，长势一般。

物候

杭州植物园 2月上旬叶芽萌动，3月下旬展叶，4月中旬展叶盛期；9月上旬见花蕾，翌年2月下旬初花，3月中旬盛花，4月上旬落花。

迁地栽培要点

抗逆性强，尤其耐阴性特别好。繁殖以扦插为主。病虫害少见。环境潮湿时，枝干及叶片上易着生藻类。

主要用途

本种花期长、花朵繁密，可做蜜源植物。抗性强，四季常绿，耐修剪，可用作绿篱或制作盆景。

叶正面 果枝 花正面 花侧面

96
四角柃

Eurya tetragonoclada Merr. et Chun, Sunyatsenia 1: 71. 1931.

枝条

自然分布

产于江西、河南、湖北、湖南、广东、广西、四川、贵州、云南。

迁地栽培形态特征

灌木或乔木，高2～14m。

茎 老枝灰褐色，小枝红褐色，嫩枝绿色，小枝和嫩枝具显著4棱，全株无毛。

叶 革质，倒卵形，倒卵状椭圆形至长圆状倒卵形，长1.8～3.3cm，宽1～1.5cm，先端圆或钝，基部阔楔形，边缘具细锯齿，中脉在叶面凹陷，背面突起，侧脉两面突起；叶柄长1～2mm。

花 雌花1～3朵簇生于叶腋，白色；花柄长约1～2mm；苞片2，卵形；萼片5，卵圆形或近圆形，先端圆；花瓣5，长圆形，长约2～3.mm；子房卵圆形，花柱长约2mm，顶端3裂。

果 栽培植株果实未见。

引种信息

杭州植物园 2011年从湖南长沙中南林业科技大学引入实生苗（登记号11C22001-019）。生长速度一般，长势差。

物候

杭州植物园 2月上旬叶芽萌动，3月下旬展叶，4月中旬展叶盛期；7月上旬见花蕾，11月下旬初花，12月中旬盛花，12月下旬落花。

迁地栽培要点

抗性较差，喜阴凉，不耐热，夏季需在荫蔽通风处养护。繁殖多以扦插为主。病虫害少见，主要有叶斑病、缺素。

主要用途

本种花期较长，可作冬季蜜源植物。此外，本种新枝形态较为特别，可用作盆景制作。

植株　花枝　花枝　叶背面

猪血木属

Euryodendron Hung T. Chang, Acta Sci. Nat. Univ. Sunyatseni 1863(4): 129. 1963.

乔木，除顶芽和花外，全株均无毛；顶芽细小。叶互生，薄革质，常绿，排成多列，椭圆状长圆形至长圆形，两端尖锐，边缘有锯齿，具羽状脉，网脉明显；叶柄短；无托叶。花细小，两性，单生或2~3朵簇生于叶腋，具短梗；苞片2，萼片状，着生于花梗上部，宿存；萼片5，大小略不相等，覆瓦状排列，宿存；花瓣5，较细小，白色，覆瓦状排列，基部稍合生；雄蕊20~25枚，排成一轮，长约2mm，花丝线形，离生，着生于花瓣基部，花药卵形，长约0.5mm，顶端尖，基部着生，被长丝毛；子房上位，3室，胚珠每室10~12个，着生于中轴胎座上，排成2行，花柱短，单一，柱头直立，不分裂。果为浆果状，球形，3室；种子每室4~6个。

单种属，特产于我国广东及广西。

本属从外形看和柃属很相似，区别在于具两性花和被丝毛的花药以及单一的花柱和不分裂的柱头。和红淡比属在花的结构上也很相似，但顶芽极短小，被短柔毛，叶具明显的网脉以及苞片细小且宿存等均易于区别。

97 猪血木

Euryodendron excelsum Hung T. Chang, Acta Sci. Nat. Univ. Sunyatseni 1863 (4): 129. 1963.

自然分布

星散分布于广东阳春八甲村及广西平南思旺村和巴马灵禄乡。

迁地栽培形态特征

常绿乔木，高15～20m。

茎 树皮灰褐色或近灰黑色，稍粗糙或具不规则的浅裂纹；嫩枝灰褐色或红褐色，较纤细，近圆柱形，小枝淡褐灰色。

叶 互生，薄革质，长圆形或长圆状椭圆形，顶端锐尖，尖顶钝，基部楔形，边缘有细锯齿，上面深绿色，下面淡绿色，两面均无毛；中脉在上面稍凹下，下面隆起，侧脉5～6对，在近边缘处相结合，在上面凹下，下面稍隆起，网脉两面均明显；叶柄长3～5mm，上面有浅沟。

花 两性，1～3朵簇生于叶腋或生于无叶的小枝上，白色，花梗无毛；苞片2，广卵形，顶端圆，无毛或近边缘有纤毛；萼片5,革质，扁圆形，有时近圆形，顶端圆而有微凹，外面无毛，内面被微毛，边缘有纤毛；花瓣5，倒卵形或倒卵状椭圆形，长约4mm，顶端圆，无毛；雄蕊花丝纤细，基部稍膨大，无毛，花药卵形，被长丝毛；子房上位，圆球形，无毛，表面有不规则瘤状突起，3室，胚珠每室6～8个，柱头单一，不分裂。

果 为浆果状，卵圆形，有时近圆球形，成熟时蓝黑色，萼片宿存；种子每室通常2～3个，种子圆肾形，褐色，表面有不规则网纹或皱纹，胚通常不发育。

引种信息

昆明植物园 引种信息不详

物候

未见花果。

迁地栽培要点

喜阴湿，注意灌溉。

主要用途

观赏，科研。

猪血木

枝条

叶正面

大头茶属

Polyspora Sweet, News Lit. Fashion 2: 205. 1825.

常绿乔木。叶革质，长圆形，羽状脉，全缘或有少数齿突，叶有柄。花大，白色，腋生，有短柄；苞片2～7片，早落；萼片5，干膜质或革质，宿存或半存；花瓣5～6片，基部略连生；雄蕊多数，着生于花瓣基部，排成多轮，花丝离生，花药2室，背部着生；子房3～5室，有时7室，花柱连合，先端3～5浅裂或深裂；胚珠每室4～8个。蒴果长筒形，室背裂开，果爿木质，中轴宿存，长条形，有多数种脐断落遗下的斑痕；种子扁平，上端有长翅，胚乳缺。

约40种，主产亚洲热带及亚热带。我国有6种，分布于华南及西南各种。胡先骕主张把亚洲产的种类从*Gordonia*分出来，归入*Polyspora*，北美的种类，苞片2，生于长柄上，早落；萼片5，花瓣5，基部连生。亚洲的种类，苞片3～7，生于短柄上，亦脱落，萼片及花瓣均5数。分子生物学和细胞学证据表明，把北美和亚洲分布的种类分属不同的属是更合理的。英文版*Flora of China*采用了分开的处理。

大头茶属分种检索表

1（2）叶倒披针形，先端圆或钝，长7～14cm，宽2～4cm，薄革质，边缘大部分有锯齿……………………………………………………………………98. **黄药大头茶*P. chrysandra***

2（1）叶长圆型或椭圆形，先端尖锐。

3（4）叶椭圆形，花柄极短，花径7～9cm，萼片长1～1.5cm，干膜质，被褐毛，蒴果长3～3.5cm……………………………………………………………………100. **四川大头茶*P. speciosa***

4（3）叶长圆形，花柄长6～8mm，花径8cm，萼片长2cm，革质，被灰白色毛，蒴果长5cm……………………………………………………………………99. **长果大头茶*P. longicarpa***

98

黄药大头茶

Polyspora chrysandra (Cowan) Hu ex B. M. Bartholomew & T. L. Ming, Novon 15: 264. 2005.

自然分布

产重庆（南川）、贵州（遵义）、云南。模式标本采自云南腾越（现腾冲市），海拔1600m。

迁地栽培形态特征

小乔木，高4～10m。

茎 嫩枝无毛，芽体有绢毛。

叶 薄革质，狭倒卵形，长6～10cm，宽2.5～4cm，先端钝，基部楔形，叶边缘1/3以上有尖锯齿，侧脉在两面均不明显，叶两面光滑无毛，叶柄长4～6mm。

花 生于枝顶叶腋，直径6～8cm，淡黄色，有香气；苞片6，半圆形，长4～5mm，早落；萼片5～6，近圆形，长6～8mm，外面有紧贴柔毛；花瓣长2.5～4.0cm，宽1.5～2.5cm，先端微凹，外面略有微毛，基部稍连生；雄蕊长1.7cm，无毛；子房被白色茸毛，5室，花柱长1.7cm，基部被白色茸毛，顶端5裂。

果 果柄粗壮，长约1cm。蒴果长筒形，被贴服短柔毛，果长3～3.5cm，先端尖，5爿裂开。种子扁平，上端有长翅，种子连翅长1.8～2.0cm，宽0.5cm。

引种信息

西双版纳热带植物园 引种号为00,2001,0576和2001年4月29日，从云南西双版纳勐腊县么等新寨引种小苗7株。

物候

西双版纳热带植物园 1月上旬至中旬叶芽萌动，1月中旬至下旬展叶，2月上旬至中旬展叶盛期；11月上旬至中旬见花蕾，11月下旬初花，11月下旬至12月下旬盛花，翌年2月上旬至中旬落花；12月中旬至下旬果实成熟。

主要用途

园林观赏。

果枝 果枝

叶背面

99

长果大头茶

Polyspora longicarpa (Hung T. Chang) C. X. Ye ex B. M. Bartholomew & T. L. Ming, Novon 15: 265. 2005.

花正面

花背面

自然分布

产云南（泸水、腾冲、梁河、龙陵、临沧、景东、屏边、富宁）；生于海拔（1000～）1700～2500m的沟谷或山坡常绿阔叶林中。也分布缅甸北部和越南北部。

迁地栽培形态特征

常绿乔木，树高8～20m。

茎 顶芽大，密被白色绢毛；幼枝粗壮，被短柔毛。

叶 革质，长圆状椭圆形至长圆形，长10～15（～21）cm，宽3～5.5（～7）cm，先端急尖至短渐尖，基部楔形，边缘上半部明显具锯齿，下部全缘，叶面深绿色，有光泽，背面淡绿色，干后常变淡棕色，被平伏柔毛或仅沿中脉被柔毛，老叶背面变无毛；叶柄常被短柔毛或近无毛。

花 单生于幼枝叶腋，白色，较大，径8～12cm；花梗粗壮，具小苞片脱落后的痕迹，被灰黄色茸毛；小苞片5，螺旋状排列在花梗上，早落；萼片5，较大，阔卵圆形，外面不为褐色，密被黄色绢毛，毛被达边缘，里面被短柔毛或近无毛；花瓣5，阔倒卵形，先端凹入，基部合生成长3～5mm的短管；花丝近基部被柔毛，基部与花瓣贴生；子房卵球形，被灰白色茸毛，花柱被茸毛，柱头5。

果 蒴果长圆柱形，先端尖，果梗粗壮，成熟后5瓣裂，每室有种子5颗；种子连翅长约2cm，宽6mm。

引种信息

昆明植物园 1992年引种自云南景东，登录号为：19920027。栽培于山茶园和濒危植物园。

物候

昆明植物园 1月下旬叶芽萌动，3月下旬开始展叶，4月下旬进入展叶盛期；8月下旬花芽萌动，11月中旬始花，12月上旬盛花，翌年2月上旬末花；7月上旬结果初期，10月上旬果熟。

迁地栽培要点

喜湿热。

主要用途

本种树形优美、姿态丰盈、花叶茂盛，为优良的园景和绿化的花木。

植株 幼果 花侧面

100

四川大头茶

Polyspora speciosa (Kochs) B. M. Bartholomew & T. L. Ming, Novon 15: 265. 2005.

枝条

自然分布

产广西北部、云南东北部和南部、四川及重庆部分地区，峨眉山常见。

迁地栽培形态特征

乔木，高约15m。

茎 树皮灰白色，嫩枝粗大，无毛。

叶 互生，厚革质，长椭圆形，长12~25cm，宽4~7cm，先端渐尖或成尾状，基部楔形，下延，边缘上部有粗锯齿，叶上面干后深绿色，发亮，下面无毛，上面中脉下陷，背面中脉稍突起，侧脉10~13对，不明显，叶柄长1.5~2cm。

花 单生或成对着生于叶腋或枝顶，白色，形大，直径7~10cm，花梗极短，长约4~5mm，苞片4枚，早落；萼片5枚，大小不等，卵圆形，长1~1.5cm,背面略有柔毛；花瓣5枚，阔倒卵形，长4~5cm，外侧有柔毛；雄蕊多数，长1.5~2cm，花丝基部与花冠基部合生；子房有毛，3~5室，每室有胚珠4~8颗，花柱长2cm，有毛，不分枝，柱头膨大。

果 蒴果长椭圆形，5瓣裂，长3~3.5cm，5室，种子扁平有翅，长2cm。

引种信息

峨眉山生物站 1987年1月1日从四川峨眉山引种，引种编号：87-0478-01-EMS。

物候

峨眉山生物站 2月下旬叶芽萌动，3月上旬展叶，3月下旬展叶盛期；8月中下旬见花蕾，9月上旬初花，9月中下旬盛花，10月上旬落花；翌年8月中下旬果实成熟。

迁地栽培要点

喜温暖湿润环境，生长迅速，耐瘠薄，主要靠种子繁殖。

主要用途

树姿优美，可做行道树，木材淡红色，材质细密且较硬，为建筑家具的良材，树皮含鞣质，可提取栲胶，种子可榨油。

果实　花枝　花

核果茶属

Pyrenaria Bl., Bijdr. 1119. 1828.

常绿乔木。叶革质，长圆形，羽状脉，有锯齿，具柄。花白色或黄色，单生于枝顶叶腋，有短柄；苞片2，有时叶状，早落；萼片5（6），卵形或叶状，常宿存；花瓣5（6），基部连生；雄蕊多数，基部与花瓣连生，花药2室，背部着生；子房5室，有时6~7室，每室有胚珠2~5个，着生于中轴胎座；花柱5数，离生，或部分合生。果为沿室背自下而上开裂的蒴果或为不开裂的核果，内果皮骨质；种子长圆形，种皮坚确骨质，无胚乳，子叶大。

约26种，分布于东南亚及中国热带地区。我国有13种。

核果茶属分种检索表

1（2）叶片长圆形，长6~11cm，萼片外面被毛；蒴果纺锤形························101. **粗毛核果茶*P. hirta***

2（1）叶片椭圆形，长16~18cm，萼片外面无毛，蒴果球形至扁圆形···102. **大果核果茶*P. spectabilis***

101
粗毛核果茶

Pyrenaria hirta (Handel-Mazzetti) H. Keng, Gard. Bull.Singapore 26: 134. 1972.

枝条

自然分布

产贵州、云南、湖北、湖南、广西、广东及江西。

迁地栽培形态特征

乔木，高6～8m。

茎 当年生枝条密被褐色平铺硬毛，老枝条被灰色硬毛。

叶 革质，长圆形，长6～11cm，宽2～3.5cm，先端急尖，基部楔形，上面光亮，下面被粗毛，侧脉10～12对，边缘有细锯齿，叶柄长5～8mm，被粗毛。

花 单朵生于枝顶叶腋内，萼片半宿存。花淡黄色，花梗长约4mm，被短柔毛；苞片卵形，长4～5mm，外面被毛；萼片10，近圆形，长7～15mm，宽9～16mm，内面秃净，外面被毛；花瓣5，倒卵形，长2.4～2.8cm，内面秃净，外面沿中部两侧密被淡黄色贴伏毛；花柱长8～10mm，下半部有毛，子房被毛；雄蕊多数，花丝分离，插生于花瓣基部。

果 蒴果纺锤形。

引种信息

西双版纳热带植物园 1973年7月18日，从广西南宁市林业科学研究所引种小苗两株。

物候

西双版纳热带植物园 2月中旬至下旬叶芽萌动，3月上旬至中旬展叶，3月下旬至4月上旬展叶盛期；4月中旬至5月下旬见花蕾，5月下旬初花；10月中旬至11月上旬果实成熟。

主要用途

园林观赏。

102
大果核果茶

别名：石笔木

Pyrenaria spectabilis (Champion) C. Y. Wu & S. X. Yang, Novon. 15: 381. 2005.

嫩叶

自然分布

产广东、福建诏安。

迁地栽培形态特征

常绿乔木。

茎 树皮灰褐色，嫩枝略有微毛，不久变秃。

叶 革质，椭圆形或长圆形，长12~16cm，宽4~7cm，先端尖锐，基部楔形，叶正面绿色，稍发亮，下面无毛，侧脉10~14对，与网脉在两面均稍明显，边缘有小锯齿，叶柄长6~15mm。

花 单生于枝顶叶腋，淡黄色，直径5~7cm，花柄长6~8mm；苞片2，卵形，长8~12mm；萼片9~11片，圆形，厚革质，长1.5~2.5cm，外面有毛；花瓣5片，倒卵圆形，长2.5~3.5cm，先端凹入，外面有绢毛，雄蕊长1.5cm；子房3~6室，有毛，花柱连合，顶端3~6裂；胚珠每室2~5个。

果 蒴果球形，直径5~7cm，由下部向上开裂；果爿5片；种子肾形，长1.5~2cm。

引种信息

武汉植物园 引种信息不详。

物候

武汉植物园 3月上旬叶芽萌动，4月上旬展叶，4月中旬展叶盛期；4月中旬见花蕾，6月上旬初花，6月上旬盛花，6月中旬落花；11月中旬果实成熟，12月上旬落果。

迁地栽培要点

喜温暖湿润环境。

主要用途

树干通直，木材细腻，材用树种；园林观赏。

花枝
果枝
枝条

木荷属

Schima Reinw. ex Bl., Buitenz. 80. 1823.

乔木，树皮有不整齐的块状裂纹。叶常绿，全缘或有锯齿，有柄。花大，两性，单生于枝顶叶腋，白色，有长柄；苞片2～7，早落；萼片5，革质，覆瓦状排列，离生或基部连生，宿存；花瓣5，最外1片风帽状，在花蕾时完全包着花朵，其余4片卵圆形，离生，雄蕊多数，花丝扁平，离生，花药2室，常被增厚的药分开，基部着生；子房5室，被毛，花柱连合，柱头头状或5裂；胚珠每室2～6个。蒴果球形，木质，室背裂开；中轴宿存，顶端增大，五角形。种子扁平，肾形，周围有薄翅。

约20种，我国有13种，其余散见于东南亚各地。

树皮含腐蚀性液汁，供药用驱虫，催吐等，木材供建筑，造船及制作家具。

木荷属分种检索表

1（4）叶全缘。

2（3）萼片圆形，长2～6mm，叶厚革质，长圆形或倒卵形，无毛；嫩枝有毛，花柄长1.5～2.5cm，叶下面有白粉……103. **银木荷*S. argentea***

3（2）萼片半圆形，长2～3cm，叶薄革质，椭圆形，长10～17cm，嫩枝有毛，叶下面被灰毛……108. **西南木荷*S. wallichii***

4（1）叶边缘有锯齿。

5（8）叶下面无毛，叶片革质或薄革质。

6（7）叶薄革质，锯齿尖锐，萼片被毛……104. **尖齿木荷*S. khasiana***

7（6）叶革质，锯齿钝，萼片外面无毛……107. **木荷*S. superba***

8（5）叶下面有毛，至少中脉有毛，薄革质或近膜质，萼片有毛

9（10）叶椭圆形，长11~15cm，宽5～6cm，萼片长5mm，花柄长2cm，花直径4～5cm……106. **贡山木荷*S. sericans***

10（9）叶披针形或长圆形，长8～13cm，宽2～3cm，萼片长2mm，花柄长1～1.5cm，花直径2cm……105. **小花木荷*S. parviflora***

103
银木荷

Schima argentea E. Pritzel, Bot. Jahrb. Syst. 29: 473. 1900.

果枝

自然分布

产四川、云南、贵州、湖南，缅甸北部也有分布；生于海拔1600~2800m的阔叶林或针叶混交林。

迁地栽培形态特征

乔木，高6~15m，胸径30cm。

茎 顶芽密被白色绢毛；小枝褐色，无毛，疏生白色皮孔，幼枝被白色平伏柔毛。

叶 薄革质，长圆形至披针形，长（5.5~）8~14cm，宽2~5cm，先端渐尖至长渐尖，基部楔形，全缘，略反卷，叶面绿色，有光泽，无毛，背面常有白霜，疏生平伏柔毛或变无毛，中脉在叶面平，背面突起，侧脉约10对，纤细，两面清晰或略突；叶柄长1~1.5cm，疏生柔毛或近无毛。

花 腋生，单生或3~8朵排列成伞房状总状花序；花梗长1~2（~3.5）cm，纤细，多少向内弯曲，被白色平伏柔毛；小苞片2，早落；萼片近圆形，外面除近基部被白色柔毛外，其余无毛，褐色，边缘具睫毛，里面密被茸毛；花瓣阔倒卵形，先端圆形，基部略合生，外面近基部被白色绢毛；雄蕊无毛，花丝基部与花瓣贴生；子房球形，中下部密被白色柔毛，上部无毛，花柱与雄蕊近等长，无毛，柱头5，头状。

果 蒴果球形，有白色皮孔，5瓣裂；种子肾形，连翅长6~9mm，宽4~5mm。

引种信息

昆明植物园 1950年引种自云南昆明筇竹寺，登录号19500144。栽植于树木园和山茶园。

物候

昆明植物园 2月下旬叶芽开始萌动，4月中旬开始展叶，5月上旬进入展叶盛期；4月下旬花芽开始萌动，6月中旬始花，7月上旬盛花，12月上旬末花；9月上旬结果初期，11月果熟，翌年1月进入休眠期。

主要用途

树形美观，树姿优雅，枝繁叶茂，四季常绿，花开白色。新叶初发及秋叶红艳可爱，是道路、公园、庭院等园林绿化的优良树种。其木质坚硬致密，纹理均匀，不开裂，易加工，是上等的用材树种。

嫩芽 花枝 嫩叶 花枝

104

尖齿木荷

Schima khasiana Dyer, Fl. Brit. India 1: 289. 1874.

植株

自然分布

产云南腾冲，也分布于印度。

迁地栽培形态特征

乔木。

茎 嫩枝无毛。

叶 薄革质，椭圆形或卵状椭圆形，先端尖锐，基部宽而钝，上面干后暗晦，下面无毛，与网脉在下面明显，在下面突起，边缘有尖锐锯齿。

花 单生于枝顶叶腋，白色；花柄有微毛；苞片2片，卵形，无毛，紧贴在萼片下，包着花萼；萼片近圆形，花瓣倒卵圆形；子房有毛。

果 果为蒴果。

引种信息

无。

物候

未见花果。

主要用途

观赏，经济价值。

嫩芽

叶正面

105
小花木荷

Schima parviflora W. C. Cheng et Hung T. Chang, Acta Sci. Nat. Univ. Sunyatseni 22 (3): 61. 1983.

叶正面

自然分布

产于湖南、贵州、四川、西藏。

迁地栽培形态特征

小乔木，高可达12m。

茎 老枝灰褐色，嫩枝淡棕色，被短柔毛。

叶 革质，长圆形或披针形，长11～15cm，宽3～4cm，先端渐尖或短尖，基部阔楔形或楔形，边缘具锯齿，叶面无毛，背面被短柔毛，中脉和侧脉在叶面凹陷，在背面突起；叶柄长8～12mm，被短柔毛。

花 直径2cm，白色，4～8朵生于枝顶，排成总状花序，花柄纤细，长1～1.5cm，有柔毛；苞片2，早落，长圆形，长7～10mm；萼片阔卵形，长2mm，先端圆，背面有毛；花瓣倒卵形，长1～1.5cm，外面有毛；雄蕊长5～7mm；子房被毛，花柱短。

果 栽培植株蒴果未见。

引种信息

杭州植物园 2014年从湖南省森林植物园引入扦插大苗（登记号14C22001-035）。生长速度一般，长势一般。

武汉植物园 引种信息不详。

物候

杭州植物园 3月上旬叶芽萌动，4月上旬展叶，4月中旬展叶盛期；未见果实。

武汉植物园 5月中旬叶芽萌动，6月上旬展叶，6月中旬展叶盛期；7月上旬见花蕾，8月上旬初花，8月中旬盛花，8月下旬落花；未见果实。

迁地栽培要点

喜湿润温暖的环境，耐寒性强，不耐水湿，不耐盐碱，喜深厚、肥沃、排水良好的酸性土壤。繁殖以播种为主。病虫害少见。

主要用途

本种涵养水源、改良土壤和林带防火效益显著，是一种较好的山林防火和水土保持树种，可作为荒山造林先锋树种。小花木荷主干较直，自然树形呈三角形，四季常绿，在适宜生长的地区可以发展成行道树，也可孤植。

植株 花 叶背面

106
贡山木荷

Schima sericans (Handel-Mazzetti) T. L. Ming, Fl. Yunnan. 8: 326. 1997.

枝条

自然分布

产云南腾冲、福贡、贡山等地，西藏东南部也有分布；生于海拔1600～2900m的阔叶林或混交林。

迁地栽培形态特征

乔木，树高9～15m。

茎 幼枝疏被灰色微柔毛，后变无毛，褐色，具白色皮孔；顶芽密被灰色茸毛。

叶 薄革质，长圆形或长圆状椭圆形，长12～16cm，宽4～6cm，先端渐尖，基部楔形或宽楔形，边缘具疏钝锯齿，下半部或近基部全缘，叶面有光泽，无毛，背面淡绿色，干后变淡棕色，疏生平伏柔毛，后变无毛；叶柄背面疏被微柔毛。

花 单生小枝上部叶腋，白色；花梗，疏被灰色粉状微柔毛，有白色小皮孔；小苞片2，阔倒卵形，比萼片大，两面疏生平伏柔毛，早落；萼片近圆形，外面密被灰色茸毛，边缘具睫毛；花瓣倒卵形或椭圆形，先端圆形，外面近基部被灰色茸毛；雄蕊无毛，花丝基部与花瓣贴生；子房密被茸毛，花柱与雄蕊近等长，无毛。

果 蒴果球形，较小，5瓣裂；种子肾形。

引种信息

昆明植物园 引种自云南。生长速度中等，长势较好，栽培于山茶园。

物候

昆明植物园 2月中旬叶芽开始萌动，4月上旬开始展叶，5月上旬进入展叶盛期；6月中旬始花，6月下旬盛花。

迁地栽培要点

喜光、喜温湿，耐轻霜，对土壤适应性强。

主要用途

本种可用于园林绿化。

花枝

花枝

花

107
木荷

Schima superba Gardner et Champion, Hooker's J. Bot. Kew Gard. Misc. 1: 246. 1849.

自然分布

产浙江、福建、台湾、江西、湖南、广东、广西、海南、贵州等地，一般为亚热带常绿阔叶林中的建群种，在荒山灌丛是耐火的先锋树种。

迁地栽培形态特征

大乔木，高25m。

茎 树皮厚，黑褐色，块状深裂，嫩枝通常无毛。

叶 革质或薄革质，椭圆形，长7～12cm，宽4～6.5cm，先端尖锐，有时略钝，基部楔形，上面浓绿色，下面浅绿色，无毛；侧脉7～9对，在两面明显，边缘有钝齿；叶柄长1～2cm。

花 生于枝顶叶腋，常多朵排成总状花序，直径3cm，白色，花柄长1～2.5cm，纤细，无毛；苞片2片，贴近萼片，长4～6mm，早落，萼片半圆形，长2～3mm，外面无毛，内面有绢毛；花瓣长1～1.5cm，最外1片风帽状，边缘多少有毛；子房有毛。

果 蒴果扁球形，直径1.5～2cm。

引种信息

桂林植物园 1975年引自广西龙胜。生长较快，长势良好。

物候

桂林植物园 2月中旬叶芽萌动，3月上旬开始展叶，3月中旬进入展叶盛期；4月上旬见花蕾，5月中旬初花，5月下旬盛花，6月上旬末花；11月果实成熟。

迁地栽培要点

喜光，幼苗稍耐阴。适应亚热带气候，在长江以南地区均可引种。对土壤适应性较强，酸性土如红壤、红黄壤、黄壤上均可生长，但以在肥厚、湿润、疏松的砂壤土生长良好。苗木根部常有蛴螬危害，注意防治。

主要用途

木荷既是一种优良的绿化、用材树种，又是一种较好的耐火、抗火、难燃树种，具有较高的利用价值。

花

果实

叶正面

108
西南木荷

Schima wallichii (DC.) Korthals, Verh. Nat. Gesch. Ned. Bezitt. Bot. 143. 1842.

生境

自然分布

产于云南、贵州西南部、广西西部；生于海拔900～2000m的常绿、半常绿阔叶林中。印度、尼泊尔、中南半岛及印度尼西亚等地有分布。

迁地栽培形态特征

常绿乔木，树高9m，胸径13cm。

茎 直立，树皮灰褐色，略纵裂；嫩枝绿色，老枝灰褐色。有皮孔。

叶 薄革质或纸质，椭圆形或略倒披针形，长10～19cm，宽4～5.5cm，先端尾尖或渐尖，基部阔楔形，上面深绿色，发亮，下面绿色，两面无毛，侧脉7～9对，近叶边常有分叉，网脉不明显；边缘有疏锯齿，向下近基部1/5以下全缘，叶柄长1～2cm，上面有柔毛。

花 栽培植株未见开花。

果 栽培植株未见结果。

引种信息

峨眉山生物站 1985年从四川峨眉山引种苗，生长速度缓慢，长势一般，引种号85-0479-01-EMS。

物候

峨眉山生物站 3月初，叶芽萌动；3月中下旬开始展叶；头年部分老叶在9月上旬开始变色，10月中下旬为红色，翌年4月中旬老叶脱落。

迁地栽培要点

喜阳植物。在10中旬至11月下旬期间，采收呈黄褐色未开裂的果实，放置阳光下晒至开裂，取出种子晾干，亦可随取随播。选平整、肥沃的疏松土壤，整细提拢进行条播，覆土1～2cm，待苗高1m左右时，进行移栽。栽植土壤应疏松肥沃，以中性土壤为佳。忌栽洼地和排水不良。苗木定植时，用生产过食用菌的培养基和腐殖土与穴土拌匀后进行栽植，浇足定根水。

主要用途

秋季，部分叶片变为红色，可做园林绿化或行道树。木材棕红色，坚硬，耐久；供家具、建筑等用。

幼果　花枝　花枝

紫茎属

Stewartia L., Sp. pl. 1: 698. 1753.

常绿或落叶乔木，树皮平滑，红褐色，芽有鳞苞或无鳞苞。叶薄革质，半常绿，有锯齿，叶柄短，有对折翅或无翅。花单生于叶腋或数花排列成短总状花序，有短柄；苞片2，宿存；萼片5，宿存；花瓣5片，白色，基部连生；雄蕊多数，花丝下半部连生，花丝管上端常有毛，花药背部着生；子房5室，基底着生，花柱合生，柱头5裂。蒴果阔卵圆形，先端尖，略有棱，室背裂开为5爿，果爿木质，每室有种子1~2（5~6）个；种子扁平，无翅或边缘有狭翅；无中轴或有短中轴；宿萼大，常包着蒴果。

20种，分布于东亚及北美的亚热带，我国有15种。

109
翅柄紫茎

别名： 折柄茶、舟柄茶

Stewartia pteropetiolata W. C. Cheng, Contr. Biol. Lab. Sci. Soc. China, Bot. Ser. 9: 202. 1934.

花枝

花侧面

自然分布

产四川、云南、贵州、湖南，缅甸北部也有分布；生于海拔1200～2600m的常绿阔叶林。

迁地栽培形态特征

常绿乔木，高6～15m。

茎 幼枝被灰黄色柔毛，1年生枝变无毛，紫色。

叶 革质，椭圆形或长圆形，长6～12cm，宽3～5cm，先端急尖至短渐尖，基部圆形，边缘具锯齿，叶面绿色，无毛，有光泽，背面黄绿色，疏生柔毛，沿中脉毛被显著，中脉紫红色；叶柄具翅，被灰色柔毛。

花 梗长8～10mm，被灰白色平伏柔毛；小苞片椭圆形，被平伏柔毛，宿存；萼片长卵形，叶状先端急尖，边缘具锯齿，紫红色，具脉纹，两面被白色绢毛；花瓣阔卵圆形，先端圆形，外面下半部被白色绢毛；雄蕊多数，无毛，花丝下半部合生成管；子房卵形，无毛。

果 蒴果长卵形，褐色，5室，每室有种子4枚，退化中轴长约5mm；种子倒卵形，呈双凸镜状，周边具狭翅。

引种信息

昆明植物园 1981年引自云南景东。栽培于山茶园。

杭州植物园 2014年从湖南省森林植物园引入实生苗（登记号14C22001-033）。生长速度一般，长势一般。

物候

昆明植物园 1月下旬叶芽萌动，2月下旬开始展叶，3月中旬进入展叶盛期；2月下旬花芽萌动，

3月下旬始花，4月中旬盛花，6月上旬末花；7月上旬开始结果，10月下旬果熟。

杭州植物园 3月上旬叶芽萌动，3月下旬展叶，4月中旬展叶盛期；3月上旬见花蕾，4月下旬初花，5月上旬盛花，5月中旬落花；10月中旬果实成熟，11月上旬落果。

迁地栽培要点

喜湿润温暖的环境，耐热性一般，夏天不宜阳光直晒，对土壤要求不高，喜肥沃、排水良好的酸性土壤。繁殖以播种为主。病虫害少见。

主要用途

本种叶形优美、叶柄奇特，花期春末夏初，可在园林绿化中搭配点缀栽植树种。

植株

花背面

果实

厚皮香属

Ternstroemia Mutis ex Linn. f., Suppl. 39. 1781.

常绿乔木或灌木，全株无毛。叶革质，单叶，螺旋状互生，常聚生于枝条近顶端，呈假轮生状，全缘或具不明显腺状齿刻；有叶柄。花两性、杂性或单性和两性异株，通常单生于叶腋或侧生于无叶的小枝上，有花梗；小苞片2，近对生，着生于花萼之下，宿存；萼片5，稀为7，基部稍合生，边缘常具腺状齿突，覆瓦状排列，宿存；花瓣5，基部合生，覆瓦状排列；雄蕊30～50枚，排成1～2轮，花丝短，基部合生，外轮花丝贴生于花瓣基部，花药长圆形或线形，无毛，基部着生，2室，纵裂，药隔先端伸长或不延伸；子房上位，2～4室，稀为5室，胚珠每室2个，少有1个或3～5个，悬垂于子房上角，具较长的珠柄，花柱1枚，柱头全缘或2～5裂。果为不开裂的浆果，稀可作不规则开裂；种子每室2个，有时仅1个，稀3～4个，肾形或马蹄形，稍压扁，假种皮成熟时通常鲜红色，有胚乳。

约90种，主要分布于中美洲、南美洲、西南太平洋各岛屿、非洲及亚洲等泛热带和亚热带地区。我国有13种，广布长江以南各省区，多数种类产广东、广西及云南等地。

厚皮香属分种检索表

1（4）果实圆球形或扁球形。

2（3）叶片长（3～）4～9cm，宽1.5～3.5cm，全缘，花和果直径1cm……………………………………110. **厚皮香*T. gymnanthera***

3（2）叶片长10～12cm，宽3.5～5.5cm，有锯齿，花直径1.5～1.8cm，果直径1.5cm……………………………………111. **阔叶厚皮香*T. gymnanthera* var. *wightii***

4（1）果实卵形、长卵形或椭圆形，果较大，长1.2～1.5cm，直径1cm果梗长1.5～1.8cm……………………………………112. **日本厚皮香*T. japonica***

110
厚皮香

Ternstroemia gymnanthera (Wight et Arnott) Beddome, Fl. Sylv. S. India 91. 1871.

花枝

自然分布

产安徽南部部分地区，浙江、江西、福建、湖北西南部、湖南南部和西北部、广东、广西北部和东部、云南、贵州东北部和西北部的毕节及四川南部等地区；另外越南、老挝、泰国、日本、柬埔寨、尼泊尔、不丹及印度也有分布。

迁地栽培形态特征

灌木或小乔木，高1.5～15m。

茎 树皮灰褐色，嫩枝浅红褐色或灰褐色，小枝灰褐色，无毛。

叶 革质，椭圆形至椭圆状倒披针形，长5～13cm，宽2～7cm，先端短尖或钝，有小凹陷，基部渐狭而下延成楔形，全缘或上半部有疏钝齿，齿尖具黑色小点，上面深绿色或绿色，有光泽，下面浅绿色，干后常呈淡红褐色，两面无毛，中脉在上面下陷，侧脉不显著，叶柄长0.7~1.5cm。

花 单朵腋生或聚生小枝顶端，淡黄色，花梗长约2cm，花单性或两性，小苞片2枚，三角形或三角状卵形，着生于花萼基部，萼片5枚，卵圆形，长6~7mm，宽3~4mm，边缘通常疏生线状齿突，无毛，宿存；花瓣5枚，倒卵形，长0.6~1cm，顶端圆，常有微凹，与萼片基部合生，淡黄白色；雄蕊多数，长4~5mm，花药长圆形，花丝比花药短，或等长，无毛；子房圆卵形，2~3室，每室2胚珠，花柱短，柱头2~3浅裂。

果 球形，浆果状，干燥，黄棕色，直径0.8~1.8cm，小苞片和萼片均宿存，果梗长1~1.5cm，宿存花柱长约1.5mm，顶端2浅裂，种子肾形，每室1个，共3~4颗，成熟时肉质假种皮红色，马蹄形。

引种信息

峨眉山生物站 2011年从重庆引种，引种号11-0933-JFS。

桂林植物园 2010年从湖南新宁引种，长势良好。

昆明植物园 登录号20060158。自然生长在树木园、茶花园和岩石园。

花枝　植株

物候

峨眉山生物站 2月下旬叶芽萌动，3月上旬展叶，3月下旬展叶盛期；5月中下旬见花蕾，5月下旬初花，6月中上旬盛花，6月下旬落花；9月中旬果实成熟。

桂林植物园 2月中旬叶芽萌动，3月上旬开始展叶，3月中旬进入展叶盛期；3月中旬见花蕾，4月中旬初花，4月下旬盛花，5月上旬末花；10月果实成熟。

昆明植物园 12月上旬叶芽萌动，3月上旬开始展叶，3月下旬进入展叶盛期；3月下旬花芽萌动，5月上旬始花，5月下旬盛花，7月下旬末花；7月中旬结果初期，12月下旬果熟。

迁地栽培要点

极耐阴，较耐低温，可吸收有毒气体，宜选择排水良好，灌溉方便，肥沃疏松的土壤栽培，较易受卷叶虫和介壳虫危害。

主要用途

优良的园林绿化树种，观赏性强，木材红色，坚硬致密，可供车辆、家具、农具及工艺用材，种子含脂肪油，可制油漆、润滑油等，树皮含鞣质，可提供栲胶和茶褐色染料。

花枝

花

111
阔叶厚皮香

Ternstroemia gymnanthera (Wight et Arnott) Beddome var. ***wightii*** (Choisy) Handel-Mazzetti, Symb. Sin. 7: 397. 1931.

植株

自然分布

产于广东、广西、贵州、湖北、湖南、四川、云南。

迁地栽培形态特征

灌木或小乔木，高1.5～10m。

茎 老枝灰褐色，嫩枝黄棕色，全株无毛。

叶 革质，呈假轮生状聚生于枝顶，椭圆形至椭圆状倒卵形，长7.5～10.5cm，宽3.5～6cm，先端急钝尖或钝渐尖，基部楔形，全缘，中脉在叶面凹陷，在背面突起，侧脉两面不明显或在叶面稍明显；叶柄长5~7mm。

花 栽培植株尚未开花。

果 栽培植株蒴果未见。

引种信息

杭州植物园 2011年从湖南长沙中南林业科技大学引入实生苗（登记号11C22001-021）。生长速度慢，长势差。

物候

杭州植物园 3月中旬叶芽萌动，4月上旬展叶，4月下旬展叶盛期。

迁地栽培要点

喜阴湿环境，适宜栽植于大乔木下或林缘。耐寒性好，对土壤要求不高，喜肥沃、深厚、排水性良好的酸性土。繁殖以播种、扦插为主。病虫害少见。

主要用途

本种株形优美，叶色浓绿、厚而光亮，是一种优良的园林绿化树种，孤植、丛植效果均佳。此外，本种花、果实可入药，有清凉解毒的功效。

枝
叶背面
叶正面

112
日本厚皮香

Ternstroemia japonica (Thunb.) Thunb., Trans. Linn. Soc. London 2: 335. 1794.

果枝

自然分布

产于我国台湾，浙江杭州、江苏南京及江西庐山等地植物园常有栽培。日本有分布。

迁地栽培形态特征

灌木或乔木，高3~10m。

茎 树皮褐色，平滑，小枝灰褐色，嫩枝淡红褐色。

叶 互生，革质，椭圆形或长椭圆形，长5~7cm，宽2~3cm，先端钝、尖头钝或短尖，基部楔形或窄楔形，叶面浅绿或深绿色，略有光泽，背面淡绿白色，两面均无毛，中脉在上面凹下，下面凸起，侧脉4~6对，两面均不明显，叶柄长5~10mm。

花 两性或单性，开放时直径1~1.5cm，花梗长1~1.5cm。两性花小苞片2枚，稍厚，三角状卵形，顶端尖或长尖；萼片5枚，卵圆形，长约3mm，宽约3～3. 5mm，顶端圆，边缘常具撕裂状齿突，无毛。花瓣5，白色，阔倒卵形，长4.5～5mm，宽5～5.5mm；雄蕊长约4.5mm，花药长圆形，无毛，药隔先端突出；子房椭圆卵形，2室，胚珠每室2～3个，花柱1枚，柱头2浅裂，头状。

果 椭圆球形，长1～1.5cm，径约1cm，果梗长1.5～1.8cm，小苞片宿存。每室2颗种子，种子长圆肾形，长约5mm，径约3mm，成熟时肉质假种皮鲜红色。

引种信息

南京中山植物园 引种信息不详。

物候

南京中山植物园 1月中旬叶芽萌动，2月下旬展叶，3月中旬展叶盛期；5月上旬见花蕾，5月下旬初花，6月上旬盛花，6月中旬落花；10月中旬果实成熟，11月上旬落果。

迁地栽培要点

喜气候温暖、阳光充足，耐半阴，较耐寒，宜种植于土层深厚且肥沃的弱酸性土壤中。可播种或扦插繁殖。

主要用途

树叶平展成层，树冠浑圆，枝叶繁茂，叶色光亮，入冬叶色绯红，是优良的园林绿化树种。对二氧化碳、氯气、氟化氢等具有较强抗性，并能吸收有毒气体，适合用作厂矿绿化和营造环境林。

树干 果枝 果枝 花

参考文献

References

陈存及，施小芳，胡晃，等，1988．防火林带树种选择的研究[J]．福建林学院学报，8(1)：1-12.
陈蕴，2017．云南山茶花栽培技术[J]．中国园艺文摘，33(6)：167-168.
方鼎，1980．广西金黄色茶花两新种[J]．云南植物研究，2(3)：337-340.
高继银，苏玉华，胡羡聪，2007．国内外茶花民种识别与欣赏[M]．杭州：浙江科学技术出版社.
管开云，李纪元，王仲朗，2014．中国茶花图鉴[M]．杭州：浙江科学技术出版社.
韩春叶，2019．浅谈山茶花的栽培技术与应用[J]．现代农业，12：61-62.
胡先骕，1965．中国山茶属与连蕊茶属新种与新变种（一）[J]．植物分类学报，10(2)：131-142.
李德铢，2020．中国维管植物科属志．下卷[M]．北京：科学出版社.
李丽，等，2010．茶油的研究现状及应用前景[J]．中国油脂，3：10-14.
李湖，2006．云南山茶花[M]．昆明：云南科技出版社.
李玉善，1983．攸县油茶引种研究[J]．西北植物研究，8（增刊）：32-34.
黎先胜，2005．我国油茶资源的开发利用研究[J]．湖南科技学院学报，26(11)：127-129.
梁畴芬，莫新礼，1982．广西弄岗自然保护区植物区系资料[J]．广西植物，2(2)：61-67.
梁健英，苏宗明，1985．广西黄色山茶花一新种[J]．广西植物，5(4)：357-358.
梁盛业，1984．广西山茶属二新种[J]．植物研究，4(4)：183-188.
梁盛业，1994．扶绥中东金花茶新种[J]．广西林业科学，23(1)：52-53.
梁盛业，谢永泉，蒋承曾，等，1988．广西黄色山茶花一新种[J]．中山大学学报（自然科学版），27(4)：110-112.
梁盛业，钟业聪，1981．中国山茶科一个新种[J]．中山大学学报（自然科学版），20(3)：118-119.
林来官，1966．中国柃属植物的订正[J]．植物分类学报，11(3)：263-342.
林来官，1998．山茶科（二）厚皮香亚科//中国植物志．第50卷．第一分册[M]．北京：科学出版社.
罗金裕，1983．广西黄色山茶花一新种[J]．广西植物，3(3)：192-194.
闵天禄，1997．山茶科[M]//吴征镒．云南植物志．北京：科学出版社：263-382.
闵天禄，1999．山茶属的系统大纲[J]．云南植物研究，21(2)：149-159.
闵天禄，2000．世界山茶属的研究[M]．昆明：云南科技出版社.
闵天禄，张文驹，1993．山茶属古茶组和金花茶组的分类学问题[J]．云南植物研究，15(1)：1-15.
闵天禄，钟业聪，1993．山茶属瘤果茶组植物的订正[J]．云南植物研究，15(2)：123-130.
莫新礼，黄燮才，1979．广西金花茶的两个新变种[J]．植物分类学报，17(1)：88-92.
莫泽乾，1989．山茶属一新种及其核型分析[J]．广西植物，9(4)：323-326.
覃海宁，杨永，董仕勇，等，2017．中国高等植物受威胁物种名录[J]．生物多样性，25(7)：696-744.
孙卫邦，杨静，刀志灵，2019．云南省极小种群野生植物研究与保护[M]．北京：科学出版社.
孙威江，张翠香，2004．茶资源利用及茶产品开发现状与趋势[J]．福建茶业，1：35-37.
田晓瑞，舒立福，2000．防火林带的应用与研究现状[J]．世界林业研究，13(1)：20-25.
田晓瑞，舒立福，乔启宇，等．2001．南方林区防火树种的筛选研究[J]．北京林业大学学报，5：43-47.
万煜，黄燮才，1982．国产黄色山茶花一新种[J]．植物分类学报，20(3)：316-318.
王跃华，2002．山茶科的系统学研究[D]．昆明：中国科学院昆明植物研究所.
卫兆芬，1986．中国山茶属一新种[J]．植物研究，6(4)：141-144.
吴征镒，路安民，汤彦承，等．2003．中国被子植物科属综论[M]．北京：科学出版社.
夏丽芳，冯宝钧，王仲朗，等．2007．云南山茶家养100问[M]．昆明：云南科技出版社.

张宏达，1954. 中国柃属植物志[J]. 植物分类学报，3(1)：1-59.
张宏达，1959. 华南植物志资料[J]. 中山大学学报（自然科学版），2：19-48.
张宏达，1963. 山茶科一新属，猪血木属[J]. 中山大学学报（自然科学版），4：126-130+149.
张宏达，1979. 华夏植物区系的金花茶组[J]. 中山大学学报（自然科学版），18(3)：69-74.
张宏达，1981. 山茶属植物的系统研究[M]. 广州：中山大学出版社.
张宏达，1983. 山茶科植物增补（续）[J]. 中山大学学报（自然科学版），22(3)：58-66.
张宏达，1984. 华南山茶新纪录[J]. 中山大学学报（自然科学版），23(2)：75-80.
张宏达，任善湘，1991. 山茶属瘤果茶组植物分类[J]. 中山大学学报（自然科学版），30(4)：86-91.
张宏达，任善湘，1998. 山茶科（一）山茶亚科[M]. 中国植物志. 第49卷. 第三分册. 北京：科学出版社.
张宏达，杨成华，张廷中，1997. 贵州金花茶一新种[J]. 广西植物，17(4)：289-290.
张桨，2011. 云南山茶花产业发展导论[M]. 昆明：云南科技出版社.
中国油脂植物编写委员会，1987. 中国油脂植物[M]. 北京：科学出版社.
朱秋蓉，石卓功，2020. 腾冲红花油茶种质资源与研究现状[J]. 安徽农业科学，48(10)：12-15，18.
Abel C, 1818. Narrative of a Journey in the Interior of China [M]. London.
APG IV, 2016. An update of the Angiosperm Phylogeny Group classification for the orders and families of flowering plants: APG IV [J]. Botanical Journal of the Linnean Society, 181: 1-20.
Airy Shaw H K, 1965. Diagnoses of New Families, New Names, Etc., for the Seventh Edition of Willis's 'Dictionary' [J]. Kew Bulletin, 18 (2) : 249-273.
Bartholomew B & Ming T L, 2005. New Combinations in Chinese *Polyspora* (Theaceae) [J]. Novon. 15 (2): 264-266.
Beddome R H, 1871. Flora Sylvatica for Southern India[M]. Vol. 1. Madras.
Bentham G, Hooker J D, 1862. Genera plantarum: ad exemplaria imprimis in Herberiis Kewensibus servata definite [M]. Vol.1. Londini : A. Black.
Champion J G, Gardner G, 1849. Descriptions of some new genera and species of plants, collected in the island of Hong-Kong [J]. Hooker's Journal of Botany and Kew Garden Miscellany, 1: 240-246.
Chi C W, 1948. Four new *Camellia* from China [J]. Sunyatsenia, 7(1-2):15-21.
Choisy J D, 1854. Des Ternstroemiacécs et Camelliacées [J]. Mémoires de la Société de Physique et d'Histoire Naturelle de Genève, 14: 91-184.
Cohen-Stuart C P, 1916. Voorbereiende onderzoekingen ten dienste van de selecte der theeplant [J]. mededeelingen van het Proefstation voor thee, 40: 65-133.
De Candolle A P, 1824. Prodromus systematis naturalis regni vegetabilis [M]. Vol. 1. Parisii : Sumptibus Sociorum Treuttel et Wurtz.
Diels L, 1900. Die flora von central-China [J]. Botanische Jahrbücher für Systematik, 29: 169-650.
Hance H F, 1878. Spicilegia florae sinensis: Diagnoses of new, and habitats of rare or hitherto unrecorded, Chinese plant I [J]. Journal of Botany, British and Foreign, 16: 6-15.
Hance H F, 1861. Symbolae ad floram Sinicam [J]. Annales des Sciences Naturelles; Botanique, sér. 4. 15: 220-230.
Hance H F, 1862. Manipulus plantarum Novarum, potissime Chinensium [J]. Annales des Sciences Naturelles; Botanique, sér. 4. 18: 220-230
Hance H F, 1879. Spicilegia florae sinensis: Diagnoses of new, and habitats of rare or hitherto unrecorded, Chinese plant IV [J]. Journal of Botany, British and Foreign, 17: 7-17.
Handel-Mazzetti H. 1931. Symbolae Sinicae [M]. Vol. 7. Issue 3. Wien.
Hu H H, 1938. Natulae systematicae ad florem sinensium IX [J]. Bulletin of the Fan Memorial Institute of Biology; Botany, 8: 129-137.
Keng H, 1962. Comparative morphological studies in Theaceae [J]. University of California publications in botany, 33 (4): 269-384.
Keng H, 1972. Two new Theaceous plants from Malaysia and a proposal to reduce *Tutcheria* to a synonym of *Pyrenaria* [J]. Gardens' Bulletin. Singapore, 26 (2): 127-135.
Kitamura S, 1950. On tea and Camellias [J]. Acta Phytotaxonomica et Geobotanica, 14 (2): 56-63.
Kitamura S, 1952. The longlived horticultural varieties of Camelliae in Kyoto Japan [J]. Acta Phytotaxonomica et Geobotanica, 14 (4): 115-117.

Kobuski C E, 1939. Studies in the Theaceae, IV New and noteworthy species of *Eurya* [J]. Journal of the Arnold Arboretum, 20: 361-374.

Kobuski C E, 1947. Studies in the Theaceae, XV A review of the genus *Adinandra* [J]. Journal of the Arnold Arboretum. 28: 1-98.

Kuntze O, 1887. Plantae orientali-rossicae [J]. Acta Horti Petropolitani, 10: 135-262.

Léveillé H, 1911. Decades plantarum Novarum [J]. Repertorium Specierum Novarum Regni Vegetabilis, 10: 145-149.

Li M M, Li J H, Tredici P D, et al. 2013. Phylogenetics and biogeography of Theaceae based on sequences of plastid genes [J]. Journal of Systematics and Evolution, 51 (4): 396-404.

Lindley J, 1826. Botanical register; consisting of coloured figures of exotic plants cultivated in British gardens; with their history and mode of treatment [M]. Vol. 12. London: James ridgway.

Lindley J, 1827. Botanical register; consisting of coloured figures of exotic plants cultivated in British gardens; with their history and mode of treatment [M]. Vol. 13. London: James ridgway.

Makino T, 1904. Obervations on the flora of Japan [J]. The botanical magazine, 18: 14-24.

Melchior H, 1925. Theaceae [M]. in Engler A & Prantl K eds. Die natürlichen Pflanzenfamilien. 2d ed. Vol. 21: 109-154. Leipzig : Verlag von Wilhelm Engelman.

Ming T L & Bartholomew B, 2007. Theaceae [M]. In Wu C Y & Raven P H eds. Flora of China. Vol. 12: 366-478. Beijing: Science press.

Nakai T, 1940. A new classification of the Sino-Japanese Genera and species which belong to the tribe Camellieae (II) [J]. The Journal of Japanese Botany, 16 (12): 691-708.

Ninh T, Rosmann J C, Hakoda N, 1998. *Camellia cucphuongensis*: A new species of yellow *Camellia* from Vietnam [J]. International Camellia Journal, 30: 71-72.

Prince L M & Parks C R, 2001. Phylogenetic relationships of Theaceae inferred from chloroplast DNA sequence data [J]. American Journal of Botany, 88: 2309-2320.

Rehder A, 1992. New species, varieties and combinations from the herbarium and the collections of the Arnold Arboretum [J]. Journal of the Arnold Arboretum, 3: 207-224.

Ren H, Jian S G, Chen Y J, et al, 2014. Distribution, status, and conservation of *Camellia changii* Ye (Theaceae), a Critically Endangered plant endemic to southern China [J]. Oryx, 48(3): 358-360.

Sealy J R, 1949. New names in *Camellia* [J]. Kew Bulletin, 4(2): 215-222.

Sealy J R, 1958. A revision of the genus *Camellia* [M]. London: The Royal Horticultural Society.

Schönenberger J, Anderberg A A, Sytsma K J, 2005. Molecular Phylogenetics and Patterns of Floral Evolution in the Ericales [J]. International Journal of Plant Sciences, 166 (2) :265-288.

Shen S K, Wang Y H, Zhang A L, et al, 2013. Conservation and reintroduction of a critically endangered plant *Euryodendron excelsum* [J]. Oryx, 47(1):13-18

Szyszylowicz I, 1895. Theaceae [M]. in Engler A & Prantl K eds. Die natürlichen Pflanzenfamilien. Teil 3. Abt. 6: 175-192. Leipzig : Verlag von Wilhelm Engelman.

Thiselton-Dyer, W T, 1874. Ternstrcemiaceae [M]. In Hooker J D eds. Flora of British India. Vol. 1: 279-294. London: L. Reeve.

Thunberg C P, 1783. Nova genera plantarum [M]. Upsaliae.

Thunberg C P, 1784. Flora Japonica [M]. Lipsiae :I.G. Mulleriano.

Thunberg C P, 1794. Botanical observations on the flora Japonica [M]. Transactions of the Linnean Society of London. 2: 326-342.

Tutcher W J, 1905. Deseriptions of some new species, and notes on other Chinese Plants [J]. Journal of the Linnean Society. Botany, 37: 58-70.

Wallich N, 1829. Plantae Asiaticae Rariores: or, Descriptions and figures of a select number of unpublished East Indian plants [J]. Vol. 1. London.

Wang M T, Zhang G L, Xin P Y, et al, 2020. In vitro propagation of *Camellia fascicularis*: a plant species with extremely small populations [J]. Canadian Journal of Plant Science, 100: 202-208.

附录　本书收录的各相关植物园栽培的山茶科植物名录

编号	拉丁名	中文名	栽培植物园
1	*Adinandra glischroloma* var. *macrosepala*	大萼杨桐	HZBG，EBS
2	*Adinandra hirta* var. *macrobracteata*	大萼粗毛杨桐	EBS
3	*Adinandra integerrima*	全缘叶杨桐	XTBG
4	*Adinandra megaphylla*	大叶杨桐	KIB
5	*Adinandra millettii*	杨桐	WHBG，HZBG
6	*Anneslea fragrans*	茶梨	KIB，GXIB，HZBG
7	*Camellia achrysantha*	中东金花茶	KIB
8	*Camellia amplexicaulis*	越南抱茎茶	KIB
9	*Camellia anlungensis* var. *acutiperulata*	尖苞瘤果茶	HZBG
10	*Camellia azalea*	杜鹃红山茶	KIB，GXIB，HZBG
11	*Camellia brevistyla*	短柱油茶	HZBG
12	*Camellia brevistyla* var. *microphylla*	细叶短柱茶	HZBG
13	*Camellia brevistyla* f. *rubida*	红花短柱茶	HZBG
14	*Camellia buxifolia*	黄杨叶连蕊茶	HZBG
15	*Camellia campanisepala*	钟萼连蕊茶	HZBG
16	*Camellia chuongtsoensis*	崇左金花茶	KIB，GXIB
17	*Camellia cordifolia*	心叶毛蕊茶	HZBG
18	*Camellia costei*	贵州连蕊茶	KIB，WHBG，HZBG
19	*Camellia crapnelliana*	红皮糙果茶	KIB，WHBG
20	*Camellia crassissima*	厚叶红山茶	HZBG
21	*Camellia cucphuongensis*	菊芳金花茶	KIB
22	*Camellia cuspidata*	连蕊茶	KIB，CNBG，HZBG，EBS
23	*Camellia cuspidata* var. *chekiangensis*	浙江连蕊茶	HZBG
24	*Camellia cuspidata* var. *grandiflora*	大花连蕊茶	HZBG
25	*Camellia dubia*	秃梗连蕊茶	HZBG
26	*Camellia edithae*	东南山茶	KIB，HZBG
27	*Camellia elongata*	长管连蕊茶	EBS，HZBG
28	*Camellia euphlebia*	显脉金花茶	KIB，GXIB，WHBG，XTBG，CNBG，LSBG
29	*Camellia euryoides*	柃叶连蕊茶	WHBG，HZBG
30	*Camellia fangchengensis*	防城茶	KIB，GXIB
31	*Camellia flavida*	淡黄金花茶	GXIB，KIB
32	*Camellia flavida* var. *patens*	多变淡黄金花茶	GXIB，KIB
33	*Camellia fluviatilis* var. *megalantha*	大花窄叶油茶	HZBG
34	*Camellia forrestii*	蒙自连蕊茶	KIB，EBS
35	*Camellia fraterna*	毛柄连蕊茶	WHBG，HZBG，GXIB，CNBG
36	*Camellia grijsii*	长瓣短柱茶	KIB，WHBG，GXIB，LSBG，CNBG，EBS
37	*Camellia handelii*	岳麓连蕊茶	HZBG

（续）

编号	拉丁名	中文名	栽培植物园
38	*Camellia huana*	贵州金花茶	KIB，HZBG，EBS
39	*Camellia hupehensis*	湖北瘤果茶	WHBG
40	*Camellia impressinervis*	凹脉金花茶	KIB，WHBG，GXIB，LSBG，CNBG，EBS
41	*Camellia indochinensis*	柠檬金花茶	XTBG，GXIB，KIB
42	*Camellia indochinensis* var. *tunghinensis*	东兴金花茶	GXIB，KIB
43	*Camellia japonica*	山茶	KIB，LSBG，HZBG，EBS，WHBG
44	*Camellia kweichouensis*	贵州红山茶	EBS
45	*Camellia liberofilamenta*	离蕊金花茶	GXIB，KIB
46	*Camellia longgangensis*	弄岗金花茶	GXIB，KIB
47	*Camellia lungzhouensis*	龙州金花茶	KIB
48	*Camellia micrantha*	小花金花茶	KIB，XTBG，GXIB
49	*Camellia minutiflora*	微花连蕊茶	HZBG
50	*Camellia multibracteata*	多苞糙果茶	HZBG
51	*Camellia oblata*	扁糙果茶	GXIB，WHBG
52	*Camellia obtusifolia*	钝叶短柱茶	HZBG
53	*Camellia oleifera*	油茶	KIB，WHBG，GXIB，LSBG，CNBG，EBS
54	*Camellia omeiensis*	峨眉红山茶	EBS
55	*Camellia parafurfuracea*	肖糙果茶	HZBG
56	*Camellia parvipeta*la	小瓣金花茶	GXIB，KIB
57	*Camellia petelotii*	金花茶	GXIB，KIB，HZBG
58	*Camellia petelotii* var. *microcarpa*	小果金花茶	KIB，LSBG，GXIB
59	*Camellia pilosperma*	毛籽离蕊茶	KIB，GXIB
60	*Camellia pingguoensis*	平果金花茶	GXIB，KIB，XTBG
61	*Camellia pingguoensis* var. *terminalis*	顶生金花茶	GXIB
62	*Camellia pitardii*	西南红山茶	GXIB，HZBG，EBS，KIB
63	*Camellia pitardii* var. *alba*	西南白山茶	HZBG，KIB
64	*Camellia polyodonta*	多齿红山茶	WHBG，GXIB，HZBG
65	*Camellia pubipeta*la	毛瓣金花茶	GXIB，KIB，XTBG
66	*Camellia puniceiflora*	粉红短柱茶	HZBG
67	*Camellia pyxidiacea* var. *rubituberculata*	红花三江瘤果茶	KIB
68	*Camellia reticulata*	滇山茶	KIB，EBS，HZBG
69	*Camellia saluenensis*	怒江山茶	KIB
70	*Camellia sasanqua*	茶梅	KIB，WHBG，GXIB，LSBG，CNBG，EBS
71	*Camellia shensiensis*	陕西短柱茶	GXIB
72	*Camellia sinensis*	茶	KIB，WHBG，GXIB，LSBG，CNBG，EBS
73	*Camellia sinensis* var. *assamica*	普洱茶	KIB，WHBG
74	*Camellia subacutissima*	肖长尖连蕊茶	HZBG
75	*Camellia subintegra*	全缘红山茶	HZBG

（续）

编号	拉丁名	中文名	栽培植物园
76	*Camellia tsaii*	窄叶连蕊茶	KIB，GXIB
77	*Camellia trichoclada*	毛枝连蕊茶	HZBG
78	*Camellia tsingpienensis* var. *pubisepala*	毛萼金屏连蕊茶	HZBG
79	*Camellia tsofui*	细萼连蕊茶	HZBG
80	*Camellia uraku*	单体红山茶	WHBG，HZBG
81	*Camellia vietnamensis*	越南油茶	GXIB，KIB
82	*Camellia villosa*	长毛红山茶	HZBG
83	*Camellia wumingensis*	武鸣金花茶	GXIB，KIB
84	*Camellia yuhsienensis*	攸县油茶	HZBG，GXIB
85	*Camellia yunnanensis*	猴子木	KIB，XTBG，EBS
86	*Camellia yunnanensis* var. *camellioides*	毛果猴子木	KIB
87	*Cleyera japonica* var. *wallichiana*	大花红淡比	KIB
88	*Cleyera pachyphylla*	厚叶红淡比	GXIB，HZBG
89	*Eurya acutisepala*	尖萼毛柃	HZBG，WHBG
90	*Eurya alata*	翅柃	WHBG，HZBG
91	*Eurya emarginata*	滨柃	HZBG
92	*Eurya japonica*	柃木	GXIB，CNBG
93	*Eurya muricata*	格药柃	CNBG，HZBG，EBS
94	*Eurya oblonga*	矩圆叶柃	EBS
95	*Eurya rubiginosa* var. *attenuata*	窄基红褐柃	HZBG
96	*Eurya tetragonoclada*	四角柃	WHBG，HZBG
97	*Euryodendron excelsum*	猪血木	KIB
98	*Polyspora chrysandra*	黄药大头茶	KIB，XTBG
99	*Polyspora longicarpa*	长果大头茶	KIB
100	*Polyspora acuminata*	四川大头茶	EBS，KIB
101	*Pyrenaria hirta*	粗毛核果茶	XTBG，WHBG，HZBG
102	*Pyrenaria spectabilis*	大果核果茶	GXIB，XTBG
103	*Schima argentea*	银木荷	KIB，XTBG，GXIB，LSBG
104	*Schima khasiana*	尖齿木荷	KIB，XTBG
105	*Schima parviflora*	小花木荷	WHBG，HZBG
106	*Schima sericans*	贡山木荷	KIB
107	*Schima superba*	木荷	WHBG，GXIB，HZBG
108	*Schima wallichii*	西南木荷	EBS，KIB
109	*Stewartia pteropetiolata*	翅柄紫茎	KIB，XTBG，WHBG，HZBG
110	*Ternstroemia gymnanthera*	厚皮香	KIB，GXIB，WHBG，CNBG，LSBG，EBS
111	*Ternstroemia gymnanthera* var. *wightii*	阔叶厚皮香	HZBG
112	*Ternstroemia japonica*	日本厚皮香	HZBG

中文名索引

拉丁名索引